엘리네 미국집

평범한 한국 엄마의 미국집 인테리어&살림법

엘리네 미국집

지은이 스마일 엘리

펴낸이 오세인
펴낸곳 세종서적(주)

주간 정소연
편집 이승민
마케팅 임종호
경영지원 홍성우

기획·편집 이민애
디자인 프롬디자인

출판등록 1992년 3월 4일 제4-172호
주소 서울시 광진구 천호대로132길 15, 세종 SMS 빌딩 3층
전화 경영지원 (02)778-4179, 마케팅 (02)775-7011 | **팩스** (02)776-4013
홈페이지 www.sejongbooks.co.kr | **네이버 포스트** post.naver.com/sejongbook
페이스북 www.facebook.com/sejongbooks | **원고 모집** sejong.edit@gmail.com

초판 1쇄 발행 2022년 2월 24일

ISBN 978-89-8407-881-9 (13590)

· 엘리네 미국집 ·

평범한 한국 엄마의 미국집 인테리어&살림법

스마일 엘리
지음

세종

엘리네 미국집을 소개합니다

누구나 깨끗하고 정리된 집, 예쁜 집에서 살고 싶어 합니다. 일상을 끝내고 현관에 들어서는 순간 기분이 좋아지는 집, 나를 반갑게 맞아 주는 집. 따뜻한 물이 가득 담긴 욕조에 몸을 담그면 스파가 되고, 차를 마시면 카페가 되고, 불을 끄고 영화를 보면 영화관도 되는 휴식 같은 집. 내가 주인공이 되는 나만의 공간, 우리는 그런 집을 꿈꿉니다. 하지만 그것을 실현하고 누리며 사는 사람은 많지 않지요.

퇴근 후 현관을 열면 쌓인 집안일이 반기고, 아무리 꾸며도 아이들의 알록달록한 장난감에 묻혀 버리는 인테리어… 내가 집의 주인공이라기보다는 수많은 집안일에 끌려 다니는 신세처럼 느껴질 때가 많습니다. 저 또한 그런 사람 중 한 명이었어요. 나만의 공간을 누리며 살기보다는 곳곳에 지뢰처럼 언제 터질지 모르는(?) 숨겨진 집안일을 덮고 외면하기 바빴지요.

처음 내 집을 장만하게 된 날, 마치 어린 시절 처음 내 방이 생겼을 때처럼 불끈 의욕이 솟고 가슴이 뛰었습니다. 그러면서 한편으로는 걱정이 되기도 했어요. 미국으로 남편의 이직이 결정되면서 낯선 환경에서 아내이자 엄마로 이 집을 잘 꾸려 나갈 수 있을까 하는 생각이 먼저 들더라고요. 인테리어는커녕 정리 정돈도 못 하고, 청소하는 것도 좋아하지 않았던 저에게 집과 집안일은 제가 해내야만 하는 어려운 숙제 같은 느낌이었거든요.

그런데 참 신기하지요. 생애 처음으로 가져보는 '내 집'을 쓸고 닦는 게 그렇게 신날 수가 없더라고요. 점점 집을 채워가는 재미도 알게 되고, 그러면서 미국 주택에 어울리는 인테리어에 대해 파고들기 시작했어요. 예전에는 쌓여버린 집안일에 끌려다니는 형국이었다면, 집을 쓸고 닦고 공간을 정리 정돈하고 꾸미기 시작하자 집안일의 주도권이 서서히 저에게 넘어왔습니다. 그 때 비로소 깨닫게 된 것 같아요. 내가 사는 집을 잘 알고 가꾸는 것이 결국 나의 생활과 정서에 얼마나 큰 변화를 가져오는지.

살림이 버겁고, 여유도 없고, 인테리어는 꿈도 못 꿨던 제가 지금은 정리 정돈으로 힐링을 합니다. 살림에 틀이 생기고, 삶에도 틀이 생겼어요. 정돈된 삶은 체계적이고 계획적인 일상을 가능케 하고, 그러한 일상은 생각보다 훨씬 여유롭습니다. 마음의 여유가 있어야 정리할 여유도 생긴다고 생각했지만, 실은 그 반대였어요. 정리를 하고 나니 공간에 여유가 생겼고, 그만큼 마음의 여유도 생겼습니다. 그리고 그 마음의 여유는 따뜻한 감성이 되어 작은 캔들이나 꽃으로 식탁 한 켠을 더해주었습니다. 밀린 집안일에 허덕이며 살 때는 소품을 놓아둘 공간과 비용 모두가 사치였거든요. 치워야 할 잡동사니가 될지, 예쁜 감성 소품이 될지는 그 공간과 그곳을 바라보는 사람의 마음의 여유에서 나오는 법입니다.

누군가에게는 집을 장식하는 것이 보여주기식 겉멋과 허세 들린 사치처럼 보일 수 있습니다. 그러나 내가 소유한 것에 애정을 쏟는 것은 당연한 일 아닐까요? 그중에서도 가장 금전적 가치가 큰 소유물인 집을 가꾸는 것은 두말할 필요도 없지요. 집은 매일 내가 돌아가야 하는 곳입니다. 나를 맞이하고 품어 주는 곳입니다. 그런 공간을 나와 내 가족에게 편하고 알맞게 만들고, 사랑하는 공간으로 만드는 것은 사치보다는 본능이라고 생각해요. 자신을 표현하는 또 다른 하나의 방식인 것이지요. 그러나 많은 사람이 그 방법을 알지 못해 집에 애정을 담아내지 못하는 것을 종종 보게 됩니다. 저 역시도 그랬던 사람 중 하나였지요.

온라인에서 넘쳐 나는 예쁜 인테리어 사진과 집 리모델링 사진을 보며 따라도 해보았습니다. 가구와 조명과 소품을 똑같이 따라 샀는데도 왜인지 그 느낌이 나지 않았어요. 인테리어 센스가 없는 제 탓도 있었을 테지만, 지금 알고 있는 것을 떠올려 그때의 상황을 되짚어 보자면 문제는 집에 대한 이해 부족이었던 것 같습니다. 인테리어의 시작점조차 몰랐으니까요. 기초 화장을 얼마나 공들여했느냐에 따라 피부 표현과 발색이 달라지고, 똑같은 아이섀도, 블러시, 립스틱을 쓴다고 해도 모두 똑같은 얼굴, 똑같은 분위기를 낼 수 없는 것처럼 내 집의 공간과 색을 이해하고, 모든 공간의 정리 정돈이 된 후에 인테리어라는 메이크업을 해주어야 내 집이 빛이 나고 사랑스러운 집이 될 수 있다는 것을 말이지요.

인테리어의 시작은 정리 정돈입니다. 그래서 이 책에는 공간이 아름다워지는 아이디어와 함께 각 공간의 정리 정돈의 방법과 효율적이고도 쉽게 그것을 유지하는 살림 비법이 담겨 있습니다. 집은 저마다 다르지만, 각자의 공간에 맞게 활용하고 응용할 수 있는 아이디어들이 되도록 공간별로 정리했답니다.

정리 정돈이 끝났다면 이젠 내 집에 예쁘게 메이크업해 줄 차례입니다. 인테리어 용품들을 구입하기 전에 알아 두면 좋을 소품 배치법, 색상 매치법, 큰돈 들이지 않고 직접 만들거나 기존의 소품을 재활용해서 분위기에 맞는 소품을 만드는 DIY 방법 등 제가 직접 시행착오를 겪으며 공부하고 터득한 실전 인테리어 공식을 정리했습니다. 절대적 공식은 아니지만 인테리어 새내기에게는 하나씩 대입해 볼 수 있는 하나의 기본 공식이 되어줄 거예요. 또 사진과 똑같은 제품, 또는 비슷한 제품을 쉽게 찾을 수 있도록 제품 검색어도 수록했습니다.

코로나로 주거 환경이 중요해진 시기이기에 기존의 주거 환경에 메이지 않는 이국적인 인테리어나 리모델링에 대한 관심이 높아지고 있는 것 같아요. 그래서인지 저의 블로그를 찾는 사람들의 검색어 통계를 보면 '미국집 인테리어'가 많습니다. 그런 분들을 위해 미국의 주거 환경이나 특징, 다양한 인테리어 팁을 담았습니다. 한국과 미국의 주거 환경 주택 구조가 다르지만, 한국의 아파트나 주택에도 활용하고 응용해 볼 수 있도록 접근하기 쉬운 인테리어 방법들로 내용을 구성해 보았어요. 공간의 특성을 살리고 그 공간을 돋보이게 해주는 미국식 인테리어로 색다른 분위기를 연출해보세요.

저는 대단한 감각의 소유자도 아니고, 인테리어 전문가도 아닙니다. 전문가들이 보기에는 어설퍼 보일 수 있겠지요. 그러나 인테리어에 관한 정보와 지식이 백지상태였던 초보자 시절을 겪어 왔고, 살림 경력 10년 차를 넘긴 두 아이 엄마로서 그동안 배우고 익힌 살림과 인테리어 팁을 저처럼 인테리어와 살림에 어려움을 느끼는 분들과 공유하고 싶었어요.

모쪼록 이 책이 집에 애정을 담아내고, 사랑하는 법을 알려주는 책으로써 누군가의 집 책장 한 켠에 자리를 잡았으면 하는 바람입니다.

2023년 봄이 오는 소리를 들으며, 스마일 엘리.

Part 6 | # 침실과 아이 방^{ROOM}

Part 1

살림, 삶을 담다

매일 아침, 방의 커튼을 모두 젖히고 햇살을 침실 가득히 담아내면서 하루가 시작된다. 햇빛이 들어오는 곳부터 서서히 방은 생기를 머금기 시작한다. 잠들어 있던 집이 깨어난다.

밤새 둘둘 말고 자느라 주름진 이불을 쫙쫙 펼쳐 매무새를 다듬고, 쿠션과 베개를 가지런히 정돈한다. 청소는 미뤄도 매일 아침 침대 정리만큼은 절대 미루지 않는다. 단정하게 정돈된 침대를 보면 내 몸과 마음도 새로운 하루를 시작할 에너지가 생긴다.

살림은 매일 반복되는 일상. 티는 많이 나지 않지만 매일 조금씩 집을 돌보는 일. 가끔은 지칠 때도 있지만 고단한 하루를 보내고 집에 돌아와 잘 정리 정돈된 깨끗한 집을 볼 때, 정성스레 만든 음식을 먹고, 다음날을 위한 에너지를 재충전할 때, 살림은 내 집의 안락함을 매일 조금씩 가꿔가는 것이라는 실감을 한다. 잘 해내기 위해 하루하루 힘을 쏟는다. 그리고 살림으로 인해 다시 힘을 얻는다.

살림이 어려웠던 사람, 바로 저예요

살림은 타고난 사람들이나 잘하는 거라고 생각하던 때가 있었다. 살림살이가 점점 늘어날수록 어디서부터 어떻게 손을 써야 할지 몰라 그냥 손을 놓고만 싶었다.

그러다 우연히 인터넷에서 유명한 살림 블로거인 베비로즈 님의 정리 정돈법을 보게 된 날, 깨달았다. '아, 나는 살림을 못 하는 것이 아니라 살림에 무지했던 거구나.'

문구용품이라 부엌에 활용할 생각조차 못 했던 파일 꽂이를 가지고 프라이팬을 수납하는 것은 정말 놀라움 그 자체였다. 반찬통을 쌓아 올리는 것이 아닌 세로로 수납하는 방법이나, 모든 물품에 집을 만들어서 제자리 찾아 주는 수납 방법 등 늘 해오던 방법에서 벗어나 생각을 전환하고 사소한 아이디어를 더하며 집을 채워갈수록 더 정돈되고, 편리한 살림을 살 수 있다는 것을 배우게 된 것이다.

그렇게 나의 살림이 시작되었다. 여러 블로그와 책, 영상을 찾아보며 한 공간씩 정리를 해나가기 시작했다. 그리고 그렇게 정리 정돈한 상태를 유지하니 점점 해야 할 일이 줄었다. 살림이 수월해지자 집이 변화됐다. 좀 더 효율적인 살림법, 더 편리한 살림법을 찾으며 집안 곳곳을 바꿔 나가기 시작했고, 더 나아가서는 나와 내 가족이 생활하는 공간을 더 예쁘게, 기분 좋게 즐길 수 있는 공간으로 꾸미고자 하는 욕심으로 인테리어에도 관심을 가지게 되었다. 그렇게 나는 '살림의 재미'를 알게 되었다.

살림이란...
'함께' 만들어가는 것

'살림'의 뜻이 궁금해서 사전을 찾아봤더니, '한 집안을 이루어 살아가는 일'이라고 나온다. 보통 살림의 주체를 아내, 또는 엄마라고 생각하기 쉽다. 하지만 한 집안을 이루어 살아가는 일은 아내나 엄마 혼자서 할 수 있는 일이 아니라 가족 구성원이 함께해야 하는 일이 아닐까. 그런 의미에서 나에게 살림이란 '함께 사는 공간을 편안하고, 편리하게 살 수 있도록 유지해 나갈 수 있는 우리 가족만의 시스템을 협력해서 만들어 나가는 것'이다.

예를 들어, 수납 하나를 결정할 때도 나만 알아볼 수 있도록 하는 게 아니라, 가족들도 알아보기 쉽고 찾아보기 쉬운 방법을 택한다. 수납함에 라벨링을 해서 속에 담긴 물건은 누구라도 알아볼 수 있도록 하고, 아이들이 함께 사용하는 물건은 아이들 손이 닿기 쉬운 위치로 정하는 것처럼 말이다. 누군가에게 물어보지 않아도 모두가 스스로 물건을 찾을 수 있는 집, 물건을 쓰고 난 뒤 제자리에 돌려놓기 쉬운 집, 나 혼자만 노력하는 것이 아니라 온 가족이 함께 노력하고 유지하는 집을 만들고 싶었다. 사랑하는 가족들이 편안하고 기분 좋게 머물 수 있는 공간을 만들고, 모두가 함께 가꾸는 집이 되도록 그 틀을 만들어주는 것. 그것이 살림의 역할이다.

완벽한 집보단 치우기 쉬운 집

"애 있는 집이 어쩜 이렇게 깨끗해? 유지가 가능해?"

"집이 모델 하우스 같애. 어떻게 이렇게 관리하는 거야?"

한 번씩 집에 손님이 오거나 블로그에 올린 사진을 본 친구들이 이렇게 묻곤 한다. 하지만 손님이 오니까 청소를 한 것이지, 우리 집이 언제나 잘 정돈된 완벽한 상태를 유지하는 것은 아니다. 손님이 오더라도 조금 치우는 수준이지, 힘들게 대청소까지는 하지 않는다. 왜 그럴까 하고 생각해보니 앞서 말한 '틀', 그러니까 정리 정돈 시스템이 만들어져 잘 돌아가고 있기 때문이다. 모든 물건은 제자리가 있고, 대부분 제자리에 들어가 있으니 누가 갑자기 찾아온다고 해도 치우는게 오래 걸리거나 어렵지 않다.

그런데 복병은 따로 있었다. 바로 기하급수적으로 늘어나는 아이들의 물건들이었다. 사실 아이들의 살림도 어른 살림 못지 않다. 아이들이 태어나고 해마다 생일, 크리스마스 등에 받은 장난감들은 점점 늘어났고, 지금은 벽장 한 공간을 가득 채우고 있다. 그뿐이랴. 아이가 자라면서 늘어나는 옷과 신발, 책 그리고 가구들… 집이 사진처럼 항상 모델 하우스 같을 수만은 없는 이유다.

아이가 태어나면서 살림이 두 배, 아니 그 이상으로 힘들어졌다. 그동안 해오던 집안일에 육아까지 더해졌고, 수면 시간은 줄었다. 치워도 치워도 끝이 없다는 게 실감이 났다. 사용한 물건을 그때그때 제자리에 돌려놓는 것이 습관이 되었다고 생각했는데 그게 아니었다. 퇴근과 휴일 없는 육아에 떨어진 체력과 수면 부족은 몸에 완전히 익지 않은 그 습관을 귀찮은 일로 여기게 만들었고, 어느새 집안 곳곳은 제 집을 나와 있는 물건들로 너저분해지기 시작했다.

아이를 재우고 나면 치워야지, 하며 한쪽 구석에 밀어 놓은 책, 장난감, 그리고 미뤄 놓은 집안일. 하지만 아이를 재우면서 깜빡 잠이 들고, 밤새 자다 깨다 반복하는 아이와 함께 새벽잠을 설치다가 보면 어제 미뤄 놓은 일들은 해결될 기미가 안 보였다. 밀린 집안일을 끝내고, 아이의 장난감들을 장난감 수납함에 정리한 후 개운한 마음이 가시기도 전에 아이가 다시 장난감들을 쏟아내서 가지고 노는 것을 볼 때면 다시 치워야 한다는 생각에 가슴이 답답해졌다.

집안일은 내가 만들어 놓은 시스템에 따라 매일의 일과처럼 끝내고 나면 유지가 가능했지만, 아이의 장난감은 시도 때도 없이 집을 굴러다녔다. 오죽하면 아직 말도 못 하는 아이에게 정리 정돈하는 법을 가르치며, 필요한 장난감만 꺼내서 가지고 놀다가 제자리에 갖다 놓으라고 가르쳐도 보았다. 그게 될 리 없었다. 아이는 늘 가지고 놀지도 않을 장난감들을 죄다 꺼내 놓고, 결국 그중에서 좋아하는 장난감 몇 개만 가지고 놀기 일쑤였다. 알록달록한 장난감들이 뒤섞여 거실 바닥에 놓여 있으면, 그걸 보는 순간 이미 마음이 어지러워져서 결국 잘 놀고 있는 아이에게 잔소리를 하고, 놀이의 맥을 끊어 버리곤 했다.

그러다 아이가 왜 가지고 놀지도 않을 장난감들을 다 꺼내 놓는지 그 이유를 알 것 같았다. 아직 원하는 것을 말하지 못하는 아이는 큰 장난감 전용 수납함에서 원하는 장난감을 파헤치며 찾는 것이 버거운 일이었기에 장난감들을 한꺼번에 쏟아내고 거기서 원하는 장난감을 찾는 것이 더 쉬웠던 것이었다. 그날부로 여러 개의 수납함이 세트로 구성된 장난감 정리함을 구입한 후 장난감을 종류별로 분류해 담았다. 그리고 수납함의 정면에는 다른 종류의 장난감이 섞이거나 수납함이 바뀌지 않도록 라벨링을 했다. 통일된 라벨링의 수납함은 미관상으로 보기 좋지만 아직 글을 모르는 아이를 위해서 수납함의 뒤쪽에 장난감 종류를 알 수 있는 그림이나, 장난감 상자의 사진을 오려 붙였다. 그러자 아이도 바뀌었다. 수납함에서 필요한 장난감만 손쉽게 찾을 수 있었고, 두세 개의 수납함을 통째로 꺼내 와서 가지고 놀다가 뒷면의 그림을 보고 스스로 장난감을 분류해서 담을 수도 있게 되었다. 그렇게 아이에게도 첫 정리 시스템이 생긴 것이다.

그러나 이 정리 시스템도 시간이 지나자 무너지기 시작했다. 둘째 아이가 생기면서 장난감이 두 배로 늘어나기 시작한 것이다. 생일과 크리스마스 외에는 특별히 아이들 장난감을 사주지 않았지만 양가 가족들과 친척들에게 해마다 받는 장난감들은 모든 수납함을 꽉 채우고도 모자라 더 큰 수납함과 더 많은 수납함이 필요했고, 더 많은 공간을 필요로 했다. 지금의 정리 시스템으로는 한계가 있었다.

먼저 한정된 공간에 효율적으로 장난감을 수납하기 위해서 쌓을 수 있도록 뚜껑이 있는 수납함으로 바꿨다. 그리고 장난감이 늘어날 때마다 수납함을 구입하는 것이 아니라, 수납함의 크기만큼 장난감을 수납하고, 아이들에게 수납함에 간직하고픈 장난감만 남기도록 했다. 필요 없거나 수납함에 넣을 수 없어 아쉽게 포기해야 하는 장난감은 야드 세일이나 중고 마켓에 팔았다. 아이들은 꼬마 손님들에게 직접 장난감을 건네주며 아쉬운 마음을 표현하기도 하고, 특별한 기능이 있는 것은 직접 설명해주며 장난감과의 애정 어린 작별을 했다. 판매한 금액을 저축하며 나에게 필요 없는 장난감의 가치도 더불어 배울 수 있어 아이들에게는 좋은 교육이 되기도 했다. 이렇게 한번 보완된 장난감 정리 시스템은 우리 집에 자리 잡은 지 4년이 지났고, 수납함 뒤쪽의 장난감 사진을 떼어내고도 잘 유지하고 있다.

그리고 이제는 장난감이 바닥에 널브러져 있어도 더 이상 스트레스받지 않는다. 아이들이 스스로 정리할 것이고, 우리 가족에게 최적화된 장난감 정리 시스템으로 치우는 일 또한 어렵지 않기 때문이다.

아이들로 인해 집안일이 늘어나는 것은 막을 수 없었지만, 아이와 함께 아이의 시선에 맞춘 정리 시스템을 하나씩 만들어 가면서 집안일은 훨씬 수월해졌다. 아이들이 말을 시작하면서 요구 사항이 많아졌는데, 그중 하나가 컵이나 식판에 손이 닿지 않는 나머지 물 달라, 주스 달라 시도 때도 없이 부탁하는 것이었다. 그래서 아이들을 위해 싱크대 하부에 공간을 마련해서 아이용 컵과 식판을 두고 필요할 때 스스로 꺼낼 수 있도록 했다. 그랬더니 더 이상 컵이나 접시를 꺼내기 위해 엄마를 외치는 일도 사라졌다.

그리고 집안의 대부분의 수납함에는 라벨링을 했다. 라벨링의 장점은 가족 구성원 모두가 물건을 쉽게 찾을 수 있고, 또 물건의 제자리를 찾아 돌려놓기 쉽다는 것이다. 수납함에 물건들의 자리를 만들어주면, 수납의 틀을 만든 당사자는 어디에 어떤 물건이 있는지 쉽게 알 수 있고, 기억하기도 쉽지만 그 외에 가

족들은 그 자리를 익힐 때까지 시간이 걸린다. 그리고 제 자리를 기억하지 못하면 분류해 놓고, 정리해놓은 물건들의 자리가 바뀌거나 뒤섞여 시간과 공을 들여 만들어 놓은 그 시스템이 무너져 버리기 쉽다. 그래서 반드시 수납함에는 라벨링을 해서 남편과 아이들이 쉽게 물건들의 제자리를 찾아 돌려놓을 수 있도록 했고, 그것이 잘 유지가 되니 더 이상 물건을 찾기 위해 나를 찾는 일이 거의 없어졌다. 팬트리 안의 수납함에 라벨링을 하고 난 후로는 식료품 장을 봐오면 남편과 아이들은 어떤 것을 어디에 넣어야 할지 나에게 묻지 않고 순식간에 정리해낸다. 이런 것들 만으로도 집안일이 절반은 덜어지는 것 같다.

home sweet
HOME
SEAWEED
DRIEDFOOD
CONDIMENTS
RAMEN
PASTA
CURRY
SNACKS
CEREAL
BREAD
MISC
MISC
ONIONS
RICE COOKER

자신만의 시스템을 만드는 아이들

물론 정리 정돈 시스템이 항상 잘 작동하는 건 아니었다. 아이들에게는 습관이 되기 전까지 늘 시간이 필요했고, 어떤 부분은 유독 습관 형성이 잘 안되기도 했다. 하지만 놀라웠던 것은 아이들이 스스로 시스템을 만들기 시작한 것이다. 한 예로 아이들 방 옷장에 빨래 바구니를 두고 그곳에 입었던 옷을 넣기로 했는데, 그게 잘 지켜지지가 않았다. 특히 어린 둘째 아이는 방 여기저기에 옷을 벗어 던져 놓는 바람에 매번 치우며 일러주어야 했다. 그런데 어느 날 첫째 아이가 농구대 그림을 프린트해달라고 해서 색칠 놀이를 하려는 줄 알고 프린트해 주었더니, 방 한쪽 벽에 붙이고는 그 아래 빨래 바구니를 놓아 두는 것이었다. 그날 이후, 아이들은 스스로 옷을 재미있는 농구 게임을 하듯 빨래 바구니에 넣었고, 더 이상 여기저기 떨어진 아이들 옷을 찾으러 다닐 일도 없어졌다. 이제는 엄마가 제시한 시스템을 지키는 것에서 더 나아가 자기들만의 시스템을 만든 아이들이 너무 기특하고, 뿌듯했다.

이렇게 우리 가족 맞춤형 정리 시스템들이 만들어지고, 익숙해지면서 육체적 피로를 덜었고, 살림에 여유가 생겼다. 원래의 깨끗한 상태로 쉽게 되돌아갈 수 있는 시스템은 마음의 여유를 주었고, 집안이 잠시 어질러지더라도 이제는 불안하거나 짜증나지 않았다.

우리 집은 늘 완벽하고 깨끗하지 않다. 정리하는 만큼 마법처럼 늘어나는 장난감들이 가득하고, 식사 때마다 바닥에 음식을 흘리는 두 꼬마들이 있고, 나 역시 때로는 설거지를 미루고 청소를 거르기도 하고, 손 닿지 않는 곳에 쌓인 먼지를 모른 척 내버려 두기도 한다. 하지만 나는 우리 집을 애정한다. 공간마다, 우리 가족만의 정리 시스템이 잘 갖추어져 있고, 치우는 데 큰 힘이 들지 않고, 어질러져도 금방 치우기 쉬운 그런 '우리의 집'을 말이다.

T.I.P | 엘리의 살림 루틴 ──────────────────────────────

직장인에게는 주말이나 휴일이 주어지지만, 살림에는 휴일이라는 게 없다. 때문에 할 때 하고, 쉴 때 쉬는 완급 조절이 매우 중요하다. 나에게 가장 잘 맞는 살림 루틴(routine)을 만들어 보자. 일일(Daily), 주간(Weekly), 월간(Monthly), 또는 계절별로 루틴을 만들어 놓으면 일거리가 쌓이거나 번아웃 되는 것을 방지할 수 있다. 각자의 사정이나 스케줄에 맞게 변형하는 데 도움이 될 수 있기를 바라며, 나의 살림 루틴을 소개해 볼까 한다.

1. 데일리 루틴Daily routine

· 오전 루틴

  7:00 – 7:20 기상, 환기, 침대 정리

  7:20 – 8:20 식기 세척기 그릇 정리, 도시락 준비, 아침 식사 준비

  8:20 – 9:00 커피 브레이크 (커피 휴식시간)

  9:00 – 11:00 위클리 루틴

· 오후 루틴

  5:00 저녁 식사 준비

  6:00 – 7:30 저녁 식사 및 식기 세척기 돌리기, 식탁, 카운터 탑 정리, 가스레인지 닦기, 개수대 세척, 주방 바닥 쓸고 닦기

· Tip! 식사 준비하면서 설거지가 필요한 그릇들은 바로바로 식기 세척기에 넣고 밥 먹기 전에 가스레인지에 청소용 스프레이를 뿌려 두면 밥 먹는 동안 음식이나 얼룩이 붙어 있

어 바로 닦아 내기만 하면 되니 편하다.

또 물이 끓기를 기다리거나 오븐이나 에어 프라이어로 조리하는 시간에 그 시간을 이용해 식기 세척기 그릇 정리나 간단한 청소를 후다닥 해치워 버린다. 그럼 일부러 시간내서 일하지 않아도 된다.

2. 위클리 루틴 Weekly routine

월	화	수	목	금	토	일
☑ 각 침실 청소기 돌리기 ☑ 화장실, 욕실 청소	☑ 빨래 돌리기 ☑ 세탁실 청소	☑ 거실 청소기 돌리기 ☑ TV 콘솔, 커피 테이블, 사이드 테이블 먼지 닦기	☑ 각 침실 청소기 돌리기 ☑ 전자레인지, 가스레인지, 가스레인지 받침대, 후드 필터 청소	☑ 침대 커버, 시트, 베개 커버 교체 후 세탁	☑ 빨래 돌리기	☑ 냉장고 청소 ☑ 1주일 식단 짜기

- 월: 주말 동안 온 가족이 집에서 보내는 시간이 많기 때문에 화장실 사용 빈도가 많고, 각 방도 리프레시가 필요하다. 그래서 월요일에 각 침실과 화장실, 욕실 청소를 한다.
- 화: 빨래는 흰색과 색깔 옷을 나눠 빨고, 세탁기가 돌아가는 동안 세탁실 청소를 한다.
- 목: 냄비 거치대와 후드는 식기 세척기에 돌려도 되지만 찌든 기름때가 제거되지 않을 경우 거치대가 잠길 정도의 뜨거운 물과 과탄산 소다를 거치대 위에 골고루 1컵~1컵 반 정도 뿌리고 30분 후에 씻으면 기름때를 깨끗하게 제거할 수 있다.
- 금: 베딩 세트와 베개 커버는 2개씩 준비해 두고 세탁 때마다 교체한다. 흰색 베딩은 과탄산 소다 2컵에 뜨거운 물로 세탁하면 표백 효과가 있다.
- Tip! 청소 시작 전에 알람을 설정해 두고, 그 시간 안에 청소를 끝내는 것을 목표로 하면 시간을 효율적으로 사용할 수 있고, 정해진 시간 안에 끝내야 한다는 약간의 압박감과 긴장감으로 속도감 있게 끝낼 수 있다.
- 제자리를 벗어나 있는 물건은 오며 가며 눈에 띄었을 때 제자리를 찾아 주면 청소할 때 큰 수고가 필요하지 않고, 청소기만 돌리면 된다.

3. 먼슬리 루틴Monthly routine

매월 한 번씩 또는 분기별로 한 번씩 해야 할 청소 리스트를 만들어 두면 유용하다. 리스트를 출력해 클리어 파일에 넣고 냉장고나 자주 눈길이 가는 곳에 붙여 두면 수성용 마커로 썼다 지웠다 할 수 있다. 특히 남편과 집안일을 분담할 때, 이렇게 할 일을 한 뒤 체크하고 한 날짜를 써 두면 서로 시간이 있을 때 알아서 못한 일들을 해줄 수 있어 효율적이다.

월별			분기별		
체크	날짜	할 일	체크	날짜	할 일
✓	3	식기 세척기 청소 (거름망 청소)			세탁조 청소
		팬트리 정리 정돈			조명 먼지 청소
✓	10	서류, 우편물, 공과금 정리	✓	6	집안 에어필터 교체
✓	21	소파 구석구석 딥 클리닝			
		블라인드 청소			
		오븐 청소			

· Tip! 일주일에 하루 정도는 나만을 위한 휴일을 만들자. 가족들에게도 모두 알리고 엄마의 휴일을 존중받도록 하자. 그날 하루의 식사 중 한 끼는 외식으로 해결하고, 나머지 식사는 아이들과 남편이 알아서 챙겨 먹을 수 있도록 하면 얼마든지 가능하다. 그리고 온전한 살림 휴일을 위해 전날 미리 일을 해두거나, 휴일 다음날 그 전에 해야 할 일을 반드시 다 끝내 놓는 것이 좋다.

4. 애뉴얼 플랜Annual Plan

연간 행사를 표로 잘 정리해 두면 살림뿐 아니라 인테리어도 미리 준비할 수 있어서 도움이 된다. 급하게 준비하기보다 준비 기간을 미리 계산해서 시즌별 새로운 인테리어를 구상하고 미리 소품 등을 주문해 놓으면 더욱 만족스럽게 집을 꾸밀 수 있다.

월	할 일
1	크리스마스 용품 정리
2	옷장 정리, 헌 옷 정리, 장난감 정리 (중고 판매, 기부 또는 야드 세일 대비)
3	이스터 장식(초~중순)
4	봄맞이 집안 전체 대청소, 창문, 창틀, 창문 스크린 도어, 프런트 포치 (현관) 청소, 봄맞이 장식

5	바베큐 그릴 청소, 백 포치 청소, 패티오 가구 청소
6	카펫 스팀 클리닝
7	차고 (창고) 정리
8	가을 장식 용품 쇼핑(중순~말)
9	가을맞이 현관 장식
	핼러윈 용품 쇼핑(중순~말)
10	핼러윈 장식
11	땡스기빙데이 장식(핼러윈 장식에서 다시 가을 장식으로 교체)
	크리스마스 용품 쇼핑, 크리스마스 장식
12	다음 해의 세금 신고를 위한 각종 서류 정리, 불필요한 서류나 고지서 처분, 사진 정리

Part 2 | 집, 우리를 닮다

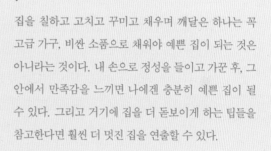

집을 칠하고 고치고 꾸미고 채우며 깨달은 하나는 꼭
고급 가구, 비싼 소품으로 채워야 예쁜 집이 되는 것은
아니라는 것이다. 내 손으로 정성을 들이고 가꾼 후, 그
안에서 만족감을 느끼면 나에겐 충분히 예쁜 집이 될
수 있다. 그리고 거기에 집을 더 돋보이게 하는 팁들을
참고한다면 훨씬 더 멋진 집을 연출할 수 있다.

취향과 추억으로 채운
나와 내 가족이 사는 집

나는 초등학교 5학년이 되었을 때 비로소 나만의 독립된 공간을 가질 수 있었다. 환하고 따뜻한 해가 드는 방이 아닌 노란 백열등으로 불을 밝혀야 하는 사다리 끝의 다락방이었다. 천장도 낮아 가구조차 들일 수 없는 작은 공간이었지만 내 이부자리를 펴고 아끼던 인형 장난감들과 함께 잠들면 세상 부러울 것이 없었다. 처음 가져 보는 온전한 나만의 공간이라는 그 자체만으로도 충분히 편안하고 아늑한 공간이었기 때문이다.

약 2년 뒤에 새집으로 이사를 가면서 제대로 된 나만의 방이 생겼고, 부모님은 내 방에 블랙 컬러의 주니어 가구 세트를 들여 주셨다. 새집인데다가 예쁜 가구까지 갖춰진 내 방이 너무 좋아서 설레었던 기분은 며칠 동안이나 가라앉지 않았다. 빛도 들지 않던 다락방은 금세 잊힐 정도로 예쁜 방이었지만, 마흔이 훌쩍 지난 지금까지도 내 기억 속에 포근하고 아늑했던 나의 첫 공간은 새집의 예쁜 방이 아닌 낡은 다락방이다. 사다리를 타고 오르내려야 하는 탓에 부모님에게는 방을 들여다보는 것조차 귀찮은 일이었지만 나에게는 인생 처음으로 부모님 손길 닿지 않고 내 마음대로 할 수 있는 공간이 생긴 것이었다. 인테리어라는 것을 모르던 그때에도 나는 이부자리 방향을 이쪽 저쪽 바꾸어 가며 펼쳐 보기도 하고, 인형들과 인형 소품들을 장식처럼 한쪽에 늘어놓고 뿌듯해하기도 했다. 아마도 이것이 내 손으로 직접 한 생애 첫 인테리어가 아니었을까?

지금도 집을 가꿀 때면 그때의 익숙한 행복감이 밀려온다. 벽에 페인트칠을 하고 침대 머리맡에는 거울을 걸고, 녹색 식물을 들이고 테이블 위를 비롯해 집안 곳곳에 장식용 소품을 두는 것. 어떻게 보면 작은 변화지만, 공간이 만족감으로 충만해진다. 봄에는 손 닿지 않는 곳까지 겨우내 쌓였던 먼지를 털고 대청소를 하며 봄맞이 단장을 한다. 가을에는 오렌지색 호박들을 현관 앞에 내놓고, 다가올 핼러윈 소품들을 꺼내 장식한다. 겨울이면 트리를 세우고, 집안 곳곳에 크리스마스 소품들로 분위기를 바꾼다. 몇 가지 소품들로 나와 가족은 큰 즐거움을 느낄 수 있다. 그래서인지 시즌마다 소품을 바꾸는 것을 귀찮다고 생각해 본 적은 없었다. 다만 매 시즌 한두 개씩 추가되는 소품들 때문에 수납이 고민되었을 뿐.

비우고, 덜어내는 미니멀리즘이 트렌드인 요즘, 공간의 연출을 위해서 장식용 소품을 사는 것이 불필요하고 과소비처럼 비춰질 수도 있다. 하지만 나는 집의 의미와 내 삶의 가치를 따져 본 후, 무조건적 미니멀리스트는 되지 않기로 했다. 아이들이 있는 지금, 내 삶의 가장 중요한 첫번째 가치는 아이들에게 남겨 줄 즐거운 유년 시절의 추억이다. 마치 생애 첫 인테리어가 시작됐던 아늑한 추억 속 내 다락방처럼. 그런 의미에서 나에게 인테리어란 '나와 내 가족이 만족감을 느끼고, 행복감을 느끼는 공간으로 만들어 나가는 것'이다.

해마다 철마다 조금씩 바뀌는 집 안팎의 장식들에 아이들은 무척이나 설레고 신나 한다. 훗날, 내 아이들이 집과 그 공간을 떠올릴 때 그때의 설렘과 신나는 추억을 마음껏 회상할 수 있다면 얼마나 좋을까. 그리고 그 기억들을 자신의 아내와 아이들에게 대물림할 수 있는 어른으로 성장했으면 하는 것이 내 작은 바람이다.

인테리어와 살림을 하는 데 있어 내게 중요한 두 번째 가치는 나와 내 가족이 사는 집을 예쁘고 아름답게 가꾸는 것이다. 어떤 이에게는 집안 곳곳의 크고 작은 소품들이 거추장스러운 잡동사니에 지나지 않겠지만, 나에게는 집을 아름답고 돋보이게 하는 액세서리 같은 것이다. 패션을 중요하게 여기는 이들은 옷에 어울리는 액세서리로 옷을 돋보이게 하고, 자신을 더 아름답게 만들어 스스로 만족감과 자신감을 느낀다. 나는 집을 가꾸면서 그런 만족감과 행복감을 느끼는 사람이다. 그래서 미니멀리스트는 될 수 없었다.

그렇다고 막무가내로 장식품과 소품을 사들이지는 않는다. 콘셉트에 맞는 소품을 때마다 사기보다는 기존에 가지고 있던 것들 중에 리폼해서 다시 쓸 수 있는 것들은 없는지 살펴본다. 계절이 바뀔 때마다 교체하는 현관의 리스는 원래 가지고 있던 리스에 약간의 조화를 추가해 새로운 느낌의 리스로 만들었다. 아이들이 함께 쓰던 방에 있던 갈색 스탠드의 나이트 램프는 각자의 방이 생기면서 방의 콘셉트에 따라 그레이와 네이비로 페인트 칠을 해서 재사용했다. 그러다 이사를 하고, 다시 함께 방을 쓰겠다는 아이들 때문에 방의 콘셉트를 바꾸면서 또다시 한번 램프 스탠드를 페인트칠해 재재활용까지 한 셈이다. 욕실 셀프 리모델링을 할 때도 욕실의 콘셉트에 맞는 조명, 휴지걸이, 수건걸이 등을 새로 구입하는 대신에 스프레이 페인트로 색을 맞춰 리폼했더니 비용 절감이라는 보너스를 챙길 수 있었다. 5년 전에 중고 거래로 20년도 넘은 커피 테이블과 협탁 세트를 단돈 70불에 구입해서 새로 페인트칠하고, 스테인을 입혀 사용해 왔다. 이후 네 번의 이사로 협탁 하나는 부서져 버렸고, 커피 테이블과 나머지 협탁 하나는 페인트가 벗겨지고, 상판에 상처가 생겼지만 처분하는 대신 다시 페인트칠을 해서 사용하기로 했다.

그렇게 집을 칠하고 고치고 꾸미고 채우며 깨달은 하나는 꼭 고급 가구, 비싼 소품으로 채워야 예쁜 집이 되는 것은 아니라는 것이다. 내 손으로 정성을 들이고 가꾼 후, 그 안에서 만족감을 느끼면 나에겐 충분히 예쁜 집이 될 수 있다. 그리고 거기에 집을 더 돋보이게 하는 팁들을 참고한다면 훨씬 더 멋진 집을 연출할 수 있다.

인테리어의 첫걸음, 취향의 발견

첫 집을 구입하고 집을 예쁘게 꾸미고 싶다는 의욕만 가득해서 집을 꾸미는 요령도 모른 채, 허전한 벽에는 그림을 걸어야 하고, 테이블 위에는 소품을 두어야 된다는 것만 알고 사들였다. 결국 그 공간에 어울리지 않는 것들이라는 것을 깨닫고 중고로 다 처분한 적이 있다. 집의 색, 분위기, 심지어 내가 원하는 콘셉트조차 모르면서 인테리어를 해보겠다고 야심 차게 덤볐던 것이다. 인테리어도 공부가 필요하다. 전문적인 지식의 공부가 아니라 내가 어떤 콘셉트의 집을 원하는지 파악하고, 그 콘셉트에 필요한 색상들, 그 콘셉트를 완성시켜줄 소품들은 어떤 것들이 있는지 많이 찾아봐야 한다.

많이 볼수록 보는 눈도 생긴다. 인테리어에 대한 지식도 센스도 없었던 나는 핀터레스트(www.pinterest.com)에서 수많은 예쁜 집 사진들을 찾아보기 시작했다. 그러면서 자연스레 나는 모던 팜하우스 콘셉트의 집을 좋아한다는 것을 알게 되었고, 이후로 모던 팜하우스 관련 집들만 스크랩해서 저장해 두었다. 처음에는 거실, 침실, 키친, 욕실 등 공간별 인테리어 위주로 모으기 시작했고, 다음에는 소품들 위주로 모았다. 많은 사진을 보다 보니 언제부터인가 사진 속의 디테일한 부분에 눈이 가기 시작했다. 테이블 소품을 볼 때는 어떤 소품들을 조합했는지, 크기는 어떤지, 어떤 순서대로 배치했는지, 소품들의 질감은 어떤지 등등 디테일한 부분까지 눈여겨보았다. 그러자 마치 인테리어에도 법칙이 있는 것처럼 공통점들이 눈에 들어왔다.

그중 하나는 '3의 법칙'이다. 테이블 위를 소품으로 장식할 때는 높낮이가 다른 세 가지의 오브제를 믹스 매치하는 것이다. 그동안 내가 했던 장식을 한발짝 물러서서 보면 뭔가 허전하거나 고개를 갸우뚱하게 만드는 아쉬움이 있었는데, 이 법칙을 알고 나서야 마침내 그 아쉬움이 해소되었다. 수많은 인테리어 매거진과 온라인의 유명한 인플루언서들의 집들을 많이 보며 인테리어 팁을 독학한 덕에 타고난 인테리어 센스는 없어도 따라할 수 있을 정도의 안목이 생겼다. 어디서부터 어떻게 꾸며야 할지 몰랐던 우리 집의 공간마다 아이디어가 떠올랐다. 그림을 건 벽에는 표정이 생기고, 녹색 식물을 들인 공간에는 생기가 돌고, 집안은 온기로 채워지는 듯했다. 나와 내 가족이 만족감과 행복을 느끼는 따뜻한 공간으로 집이 변해가고 있었다. 그랬다. 인테리어는 단순히 집을 예쁘게 꾸미는 것, 그 이상으로 집에 생명을 불어넣는 것이었다.

　어쩌면 어떤 이에게는 부족하거나 공감할 수 없는 인테리어일지도 모르겠다. 하지만 나와 내 가족이 사는 공간을 나의 취향으로 채우는 것보다 더 완벽한 인테리어가 있을까? 앞으로 소개할 내용들이 누군가에게는 자신의 취향을 찾는, 또 누군가에게는 동기부여가 되고 집을 꾸미는 방법을 찾는 데 도움이 되었으면 좋겠다.

아직 자신의 인테리어 취향을 파악하지 못했다면, '미국의 탑 10 인테리어 디자인'을 참고하여 탐색해보자.

1. 트래디셔널traditional

미국의 가장 대중적이고 대표적인 인테리어 디자인으로 18세기 19세기 인테리어 디자인을 모티브로 한다. 다크 브라운, 에스프레소 같은 어두운 톤의 우드 소재와 곡선 형태로 마감 처리한 가구들이 특징이다. 유행을 타지 않고, 클래식하면서도 중후한 느낌이다.

2. 모던modern

블랙, 화이트, 그레이와 함께 밝은 뉴트럴 컬러 팔레트를 주요색으로 한다. 심플하면서도 단순하고, 각진 모서리 형태로 마감 처리한 가구들, 스틸, 크롬, 유리 등의 소재를 장식 소품으로 활용한다.

3. 트랜지셔널transitional

트래디셔널과 모던 인테리어 디자인을 조화롭게 믹스한 것으로 밝은 뉴트럴 컬러에 트래디셔널 가구의 조합이 특징이다. 트래디셔널이 무겁고 어두운 느낌이라면 트랜지셔널은 밝고 환하면서도 클래식함은 그대로 유지한 인테리어 디자인이라고 할 수 있다.

4. 모던 미드 샌추리modern mid century

미국의 1940~1970년대 유행하던 미드 샌추리 디자인과 모던 스타일이 믹스된 디자인이다. 미드 샌추리 디자인의 특징인 레트로 감성의 아트와 소품들, 어두운 색상의 가구 또는 톡톡 튀는 녹색, 파란색, 오렌지색 등을 모던 인테리어와 믹스한다. 골드, 실버, 크롬으로 곡선보다는 슬림한 직선을 강조한 조명과 슬림하고 긴 다리의 가구가 특징이다.

5. 모던 팜하우스modern farm house

미국의 넓은 농장 한 켠에 지어진 전원주택을 디자인의 모티브로 한다. 화이트, 블랙, 그레이 등을 주요색으로 사용하고 대비가 큰 색을 악센트 컬러로 많이 사용한다. 쉽랩, 블랙 프레임의 창문, 천장의 우드빔 등이 모던 팜하우스의 대표적 인테리어이다. 살짝 거친 느낌의 표면을 표현한 초크 페인트 사용과 페인트를 의도적으로 벗겨낸 듯한 마감 처리의 가구들, 녹슬거나 낡은 철제 소품들, 빈티지 화병들이 모던 팜하우스를 강조할 수 있는 좋은 소품들이다.

6. 모던 보호modern boho

떠돌이 집시 스타일에서 영감을 받은 디자인으로 자연 친화적인 소재 사용이 특징이다. 화이트, 크림 색상을 주요색으로 하며, 밝은 톤의 우드와 라탄 소재 캔버스 소재를 장식으로 활용한다. 테슬, 드림캐처, 행잉 플랜트가 대표적 보호 디자인의 소품들이다.

7. 네오 클래식neo classic

화려하고 조금은 사치스러운 듯한 18세기 유럽의 클래식 인테리어를 모티브로 럭셔리함과 엘레강스함을 강조한 디자인이다. 비슷한 시기의 클래식 인테리어를 모티브로 한 트래디셔널은 무겁고 중후한 인테리어라면 네오 클래식은 여성적이고 부드러운 느낌의 클래식 인테리어라

할 수 있다. 부드러운 곡선 마감의 가구들과 골드, 유리, 크리스탈 소재의 조명과 장식품들로 네오 클래식 스타일을 강조할 수 있다.

8. 스칸디나비안Scandinavian

겨울이면 3시에 해가 져서 어두워지는 북유럽의 기후 특성으로 인해 집을 밝고 환하게 유지하는 것이 인테리어 디자인에 영향을 주어 화이트 벽과 미니멀한 장식이 특징이다. 심플하고 단순한 디자인의 가구들에 색 대비가 강한 색을 악센트로 사용한다. 스칸디나비안 인테리어 디자인의 대표가 바로 이케아이다.

9. 프렌치 컨추리French country

프랑스의 전원주택을 모티브로 팜하우스와 비슷한 소재의 소품을 사용한다. 그러나 색대비가 강한 색상 팔레트를 사용하는 팜하우스와는 달리 프렌치 컨추리는 밝고 환한 크림색과 주로 채도가 낮은 연핑크, 연블루, 연그레이, 베이지 색상의 팔레트를 사용한다. 린넨 소재의 소품과 엘레

강스하고 화려한 곡선 처리, 그러나 벗겨진 듯한 마감 처리의 가구들로 장식한다. 보타니컬 (식물 그림), 플라워 프린트의 패브릭으로 침구나 쿠션 등을 장식하는 것도 특징이다.

10. 인더스트리얼 industrial

산업 현장의 거친 느낌, 날것 그대로를 홈 인테리어로 들여온 것이다. 마감 처리되지 않아 파이프가 드러난 천장, 벽돌, 철제 파이프 등을 인테리어 소재로 활용한다. 어둡고 과감한 페인트 색을 사용하거나 콘크리트의 거친 벽을 투박한 멋으로 그대로 두기도 한다. 어두운 색의 우드 소재 가구나 철제로 마감된 가구들이 특징이다. 가족보다는 독신자의 홈 인테리어로 인기가 많고, 카페, 바와 같은 상업 공간의 인테리어로도 많이 활용된다.

인테리어, 왜 내가 하면 그 느낌이 안 날까?

SNS를 보면 따라 하고 싶은 예쁜 집과 인테리어 사진이 넘쳐나지만, 선뜻 시간과 비용을 투자해 바꿔볼 용기가 나지 않는다. '과연 우리 집 구조와 어울릴까?' '내가 원하는 분위기로 완성이 될까?' 바로 그려지지 않는 탓이다. 차라리 전문가가 꾸민 인테리어에서 아이디어를 얻을 수 있을까 싶어 인테리어 잡지책도 뒤져본다. 디자이너들이 꾸민 인테리어는 예쁘고 고급스러워 보이지만 장난감 가득한 아이들 키우는 현실 집과는 왠지 거리가 느껴진다.

내가 그랬다. 집 꾸미기에 관심과 의욕이 있어도 도통 방법을 몰라 답답했던 시절이 있었다. 인테리어 샵에서 예뻐 보여 구입한 소품들도 우리 집의 테이블에 올려놓으면 동떨어져 보이고, 뭔가 부족해 보이고, 그 자리가 제 자리가 아닌 듯했다. 분명 그 자체로 충분히 예쁜 소품이었는데 말이다. 누군가가 속 시원히 뭐가 잘못된 것인지, 뭘 더해야 하는지, 어떤 자리에 배치해야 하는지, 그런 인테리어 법칙이 있다면 좀 알려 줬으면 좋겠다는 생각을 했다. 그렇게 홀로 고군분투하며 몇 년의 시행착오 끝에 장식에도 법칙이 있다는 것을 알게 되었다. 물론 이 법칙들이 절대적으로 따라야 할 룰은 아니다. 응용할 수도 있고, 자신만의 감각으로 그 공간에 어울리도록 장식할 수 있다면 그 감각을 따르면 된다. 다만 내가 느꼈던 답답함을 똑같이 느끼고 있는 누군가에게는 이 법칙들이 공식을 몰라 풀지 못하는 수학 문제의 여러 가지 공식 중 마침내 알게 된 한 가지 공식이 되었으면 한다.

엘리의 집 꾸미기 10가지 법칙

1. **정리 정돈**: 아무리 예쁘게 꾸민 집이라도 정리 정돈이 되어 있지 않으면 어떤 인테리어도, 소품도 돋보이지 않고, 지저분하고 산만한 분위기에 묻혀 버린다. 예쁜 집 꾸미기의 시작은 정리 정돈에서 시작된다. 공간을 둘러보고 밖에 나와 있는 모든 물건들에게 제 자리를 정해주고, 되돌려 놓기부터 시작해야 장식할 공간도 생긴다.

2. **녹색 식물:** 정리 정돈이 끝나고 나면 비어 있는 공간들이 눈에 들어올 것이다. 보통은 가구 옆의 구석진 코너 공간들이 그런 곳이다. 예를 들어 소파와 벽 사이, TV 스탠드와 벽 사이 등 이런 코너 공간에 주변의 가구보다 조금 더 키가 큰 녹색 식물을 하나씩 놓아두면 집이 훨씬 더 생기 있고, 따뜻해 보인다. (주변 가구보다 키가 작으면 가구에 가려서 녹색 식물이 잘 보이지 않아 인테리어 효과가 없다.) 빛이 잘 들지 않는 곳이라

면 녹색 조화 화분을 두면 된다. 미국에서는 인테리어 소품으로 조화를 활용하는 것이 일반적이다. 녹색 식물은 유행타지 않는 필수 인테리어 소품이므로 코너 공간, 테이블 위에 한두 개 정도는 반드시 놓아 둔다.

3. **그림 걸기(월 아트**wall art**):** 다음은 벽에 표정을 주는 단계이다. 허전해 보이는 벽에 그림이나 사진을 건다. 그림을 걸 때는 눈에 보이는 벽면의 전체적인 면적을 고려해서 그 벽면을 채운다는 느낌의 크기로 골라야 실패가 없다. 여러 개의 통일된 프레임에 담긴 그림이나 사진도 좋다. 잊지 말아야 할 것은 프레임의 색이 집안 전체 테마색에 벗어나지 않아야 하고, 그림의 색 역시 집안 전체 인테리어 색과 동떨어지지 않은 색이여야 한다. 어떤 그림을 골라야 할지 전혀 아이디어가 없을 때에는 은은한 무채색, 중성적인 컬러를 사용한 추상화가 실패할 확률이 적다.

4. 패브릭 인테리어: 집안 전체의 분위기를 바꾸는 가장 쉬운 방법은 집 전체의 색을 바꾸는 것이다. 벽면의 페인트칠이 가장 큰 변화를 주지만 시간과 비용, 노동력이 많이 든다. 그래서 그다음으로 쉽게 공간의 컬러를 바꾸는 방법은 패브릭의 색을 바꾸는 것이다. 블라인드가 설치되어 있는 창이라도 그 위에 커튼을 달면 공간이 훨씬 더 아늑해진다. 커튼의 색도 중요하다. 그 공간의 주요 색상에서 벗어나지 않는 색이나 패턴을 골라야 한다. 고르기 힘들 때는 무늬 없는 흰색, 또는 미색을 추천한다. 하얀 커튼으로 스며드는 햇살만으로도 충분히 예쁠 수 있기 때문이다. 다음은 러그와 쿠션이다. 러그 역시 넓은 공간을 차지하기 때문에 공간의 분위기 변화에 큰 역할을 한다. 그래서 러그의 패턴이나 색상 선택이 중요하다. 집안 전체적인 색상과 톤을 맞추고, 악센트 컬러가 들어가 있다면 소품이나 쿠션을 그 컬러에 맞춰주면 통일감 있어 보인다. 소파 위의 쿠션은 양쪽으로 2~3개씩 대칭이 되도록 놓고, 중성적인 컬러의 쿠션과 악센트 컬러의 쿠션으로 구성한다. 악센트 컬러는 소파 근처에 걸린 그림의 악센트 컬러와 맞추거나, 러그의 악센트 컬러와 맞춰 주면 조화롭게 어울릴 수 있다.

5. **실패가 적은 무채색의 뉴트럴 컬러**neutral color: 집안 전체적인 컬러와 패브릭, 소품의 컬러에 의해서 집의 분위기가 완전히 바뀌어 버리기 때문에 색상을 정할 때는 신중하고, 어려울 수밖에 없다. 디자인 감각이 있고, 색을 잘 활용할 수 있다면 과감한 원색을 골라도 되지만 그렇지 않다면 실패가 적은 무채색의 중성적인 컬러를 권한다. 특히 화이트나 은은한 미색은 공간을 환하고 따뜻하게 보이게 한다. 또 다른 악센트 컬러와도 잘 어울려서 매치하기 쉽고, 악센트 컬러를 더해 주는 것만으로 공간에 색다른 분위기를 연출할 수 있다.

커튼색상 참고

6. **3색법**: 집 안을 장식할 때 각 공간 안의 색상을 세 가지 색상으로 제한하는 것이다. 3색법에 따라 공간을 꾸미면 그 공간이 통일되어 보이고, 조화로워 보인다. 예를 들어 거실은 화이트, 그레이, 핑크를 메인 컬러로 정한다. 벽은 쿨톤의 중성적인 밝은 그레이 컬러로 하고, 커튼은 오프 화이트 톤, 소파의 쿠션은 그레이, 화이트, 포인트 컬러로 인디핑크와 같은 톤다운 핑크를 매치시키는 것이다. 침실은 화이트와 네이비, 옐로우 컬러로 정했다면 침구 세트와 베

개는 화이트, 유로 필로우는 네이비, 악센트 필로우는 옐로우로 매치시키면 색상 대비가 잘 어울리면서도 공간을 산뜻하고 화사하게 만들어 준다. 그 외에 소품들 역시 화이트, 또는 오프 화이트로 침실 전체 색상과 톤을 맞춰 주고, 협탁 위에 노란 꽃이나 조화를 올려 매치한다. 색에 대한 감각이나, 어떤 색들

블랙, 화이트, 그레이 3가지 색상을 활용한 인테리어의 예

이 조화롭게 잘 어울릴지 모를 때에는 색상 팔레트 사이트를 참고해서 그 팔레트 안의 색상으로 정하는 것도 방법이다.

참고 **색상 팔레트 사이트**: https://coolors.co/palettes/trending
https://colorhunt.co/

7. **3품법**: 협탁, 커피 테이블 등을 장식할 때 장식용 소품을 세 가지 품목으로 제한하는 것이다. 예를 들어 커피 테이블 위에 원형 트레이를 놓고, 그 트레이

위를 채워줄 소품으로 조화나 생화를 꽂은 화병, 오브제, 캔들 이렇게 세 가지 품목을 올린다. 이때 조금 더 신경을 써서 화병과 오브제, 캔들의 높이와 크기가 각각 다른 것을 골라 담는다면 훨씬 더 안정감 있고, 시각적으로 보기 좋다. 만약 오브제나 캔들의 높이가 비슷하거나 너무 낮다면 책 두세 권을 쌓아 받침대로 활용해서 높이에 변화를 주면 된다.

8. 3그룹법: TV 스탠드, 벽의 장식용 선반, 책장, 장식용 테이블 위를 장식할 때 세 그룹으로 나눠서 장식하는 것이다. 7번의 3품법과 비슷하지만 의미가 살짝 다르다. 3품법은 3가지의 품목만 올리는 것이고, 3그룹법은 넓은 선반 위를 장식할 때 3가지 품목만으로는 허전하거나 부족할 수가 있어 좀 더 많은 소품을 올리는 대신, 그룹을 만들어 3가지 그룹으로 제한하는 것이다.

예를 들어 캔들과 도자기, 책을 TV 선반 위에 장식한다면 3품법에 따라 3가지를 각각 올린다. 그러나 양 옆으로 긴 선반에 남는 여유 공간이 많아 더 채워야 할 경우, 같은 종류의 캔들을 두세 개 올려서 캔들 그룹을 만들고, 눕혀진 책 위에 오브제를 올려 공간을 채우고, 도자기도 크기나 모양이 다른, 그러나 색깔은 비슷한 것을 그룹을 만들어 올리는 것이다. 그러면 품목 수는 전체적으로 7~8개가 되지만 비슷한 소품끼리 세 그룹으로 나누어서 올렸기 때문에 결국 3품법의 법칙에도 맞춰지는 것이다.

9. 사선배치법: 책장의 선반이나, 아래위로 2개 이상이 설치된 선반 위를 장식할 때 비슷한 색상, 비슷한 소재의 소품은 사선으로 배치하는 방법이다. 특히 미국인들은 선반이 4~5개씩 설치된 책장을 장식장으로 많이 활용하는데 그럴

때 이 사선 배치법을 활용하면 소품들이 중복되어 보이지 않고 조화롭게 어울려 보인다. 제일 위 선반에 3품법으로 녹색 식물, 검정색 프레임의 그림 액자, 도자기를 올렸다면, 그 아래의 선반의 녹색 식물은 사선 방향인 제일 오른쪽에 배치하고, 검정색 오브제를 제일 왼쪽, 상단의 도자기와 비슷한 재질의 오브제, 또는 비슷한 색상의 오브제를 중간에 배치한다. 이렇게 선반의 위아래 오브제의 색이나 재질, 종류가 같은 곳에 배치되지 않도록 변화를 주는 것이다.

10. **삼각구도법**: 벽난로나 엔트리 테이블 등 벽을 등지고 있는 가구 위를 장식하는 방법으로 벽과 테이블 위의 소품 구도가 삼각형이 되도록 배치하는 것이다. 가구가 등지고 있는 벽 위에 그림이나 거울 등을 걸어 삼각형 구도의 꼭지점이 되도록 만들어 주고, 그 아래의 테이블 양쪽에는 비슷한 높이의 소품을 올려 전체적인 균형을 맞춰준다.

Part 3 | 거실 LIVINGROOM

우리 가족에게는 매주 금요일 밤 '무비 나잇(movie night)' 이라는 특별 가족 시간이 있다. 벽난로 앞에 이불을 깔고 옹기종기 모여 팝콘을 먹으며 영화를 보고, 다 함께 거실에서 잠을 자는 것이다. 거의 매일 비가 내리다시피 하는 이곳의 겨울은 왠지 더 차갑고 축축한 기분이 들곤 하는데, 거실에 모여 벽난로를 켜고 따뜻한 차 한 잔을 마시면 어느새 마음이 보송보송해진다. 벽난로의 온기가 가족들을 거실로 불러 모은다. 그리고 그 열기가 가족들에게 평온한 휴식 공간을 채워주고, 마음의 공간을 채워준다.

가족이 하나되는 공간, 거실

미국으로 이민 오자마자 집을 사기로 결정했다. 결혼 후 미국, 한국, 일본으로 이사만 여섯 번을 했기에 이제는 한 곳에 정착을 하고 싶었고, 그와 동시에 내 손길로 가꾸어 갈 수 있는 우리 집을 갖고 싶었다.

중개인과 집을 보러 다니다가 마지막에 본 두 집을 두고 고민했었는데 한 집은 모든 침실이 2층에 있었고, 다른 한 곳은 침실 한 개를 제외한 세 개의 침실이 1층에 있었다. 18개월 어린 아기를 키우던 나에게 두번째 집을 선택하는 것이 여러모로 합리적이었지만, 그 당연한 선택을 머뭇거리게 했던 것은 바로 벽난로였다.

추운 겨울 밤, 벽난로 앞에 앉아 따뜻한 코코아를 마시며 흔들리는 불꽃을 바라보는 아늑하고 따뜻한 풍경에 대한 로망 때문에 벽난로가 있는 그 집이 탐이 났다. 하지만 나의 로망보다 아이의 안전을 더 우선시해야 했기에 결국 그 집은 선택할 수 없었다.

그리고 나서 몇 년을 살다 보니 미국에서 벽난로는 본래의 기능인 난방기로서 필요하다는 것을 깨달았다. 지역별로 자연재해가 많은 미국에서는 전기가 끊기는 일이 종종 있고, 전기 히터로 난방을 하기 때문에 한겨울에 전기가 끊기면 난방이 끊기게 된다. 내가 살던 사우스캐롤라이나에서는 한겨울에도 반팔을 입고 다니는 사람을 심심찮게 볼 수 있을 정도로 온화한 기후의 지역이라 눈이 오는 일은 없는데 30여 년 만에 내린 눈 때문에 전기가 끊겨 집안에서 추위에 떨어야 했던 적이 있었다. 그때 벽난로가 있는 집을 사지 않았던 것을 무척이나 후회했던 기억이 난다. 그리고 가을에 대형 허리케인으로 대피령이 내려져 네 시간

반이나 떨어진 애틀란타의 지인의 집에서 묵게 되었는데, 그곳 역시도 허리케인의 영향으로 전기가 끊겼었다. 하지만 벽난로 덕분에 따뜻하게 밤을 보낸 기억이 있어 다음에는 꼭 벽난로가 있는 집을 사겠다고 다짐했더랬다.

사실 미국인들에게 벽난로는 이런 본연의 난방 기능만큼 인테리어적 요소로서도 중요하게 생각한다. 벽난로는 거실 인테리어의 중심이 되고, 소파 배치에 결정적 영향을 주며, 그 집의 콘셉트와 분위기를 좌우한다. 사람 얼굴의 중심이 되는 콧대와 같은 역할이다. 그래서 벽난로는 주로 거실 벽의 정면 정중앙에 위치하는 경우가 많고, 소파는 벽난로를 마주보거나 벽난로를 중심으로 두 개의 소파를 나란히 배치하는 게 일반적이다.

그리고 벽난로 위의 선반mantel은 시즌에 따라 주요한 장식 공간이 된다. 봄에는 화사한 꽃나무 가지를 꽂은 화병을 올려 두고, 가을에는 작은 장식용 호박을 올려 둔다. 겨울에는 소나무 가지로 만든 가랜드를 늘어뜨리고 산타 양말을 거는 데코 공간이다.

벽난로가 있는 집은 없는 다른 집보다 집의 가치가 더 높게 측정되기 때문에 두 번째 집을 구매할 때 벽난로는 선택이 아닌 필수였고, 결국 나의 바람대로 벽난로가 있는 집을 살 수 있게 되었다. 게다가 이 벽난로 덕분에 집에 대한 애정과 만족도가 훨씬 높아졌다.

벽난로 위 선반의 장식이 바뀔 때마다 거실의 분위기가 달라지고 가족들도 그 분위기를 즐긴다. 핼러윈 때는 으스스한 분위기의 박쥐와 마녀 모자 장식으로 아이들은 다가오는 핼러윈을 더욱더 기대한다. 늦가을에는 추수감사절의 의미를 담아 풍성하게 수확한 호박을 떠올릴 수 있도록 장식용 호박들로 그 기분을 냈고, 겨울에는 빨간 리본을 단 소나무 리스와 산타 양말을 걸어 크리스마스 기분에 한껏 더 들뜨게 만들었다. 단지 선반 위의 작은 장식 소품들만 바꿔줄 뿐이지만 나와 가족들은 그 분위기에 쉽게 동화되었고, 그 공간에서의 시간을 즐겼다.

우리 가족에게는 매주 금요일 밤 '무비 나잇movie night'이라는 특별 가족 시간이 있다. 벽난로 앞에 이불을 깔고 옹기종기 모여 팝콘을 먹으며 영화를 보고, 다 함께 거실에서 잠을 자는 것이다. 이때 벽난로는 온기를 더해주고, 아늑하고 포근한 분위기를 연출해준다. 게다가 거의 매일 비가 내리다시피 하는 이곳의 겨울은 왠지 더 차갑고 축축한 기분이 들곤 하는데 벽난로를 켜고 따뜻한 차 한 잔을 마시면 어느새 마음이 보송보송해진다. 따뜻한 벽난로는 가족들을 한곳으로 불러 모은다. 그리고 그 열기로 가족들에게 평온한 휴식 공간을 채워주고, 마음의 공간을 채워준다. 이것이 바로 내가 거실에 벽난로가 있는 집을 원했던 이유이고, 이 집을 애정하는 이유이기도 하다.

◆ 거실 공간 스타일링

거실은 집안에서 가장 넓은 공간이고, 가장 큰 부피와 면적을 차지하는 가구들이 있는 공간이기에 새로 페인트칠을 하거나 가구를 바꾸려면 큰 비용과 시간이 든다. 그래서 이렇게 기존의 페인트 색상과 기존의 가구를 그대로 활용해야 할 경우에는 카펫이나 소파 위의 쿠션으로 색상의 변화를 줄 수 있다. 또한 우드, 메탈, 스톤 등 다양한 소재를 활용한 소품들의 색상과 톤을 통일해주면 정돈되어 보이면서도 단조롭지 않게 스타일링을 할 수 있다. 기존의 페인트 컬러와 소파, TV 장식장, 커피 테이블 등의 색상을 고려해 전체적으로 화이트 컬러, 그에 대비되는 블랙 컬러, 악센트 컬러는 블루로 결정했다.

◆ 스타일링 포인트

거실의 정중앙에 있는 벽난로를 거실의 중심으로 잡고, 섹셔널 소파를 벽난로 가까이 둘러싸는 형태로 배치했다. 벽난로 양옆의 창문에는 우드 소재의 쉐이드를 설치해 공간에 따뜻한 느낌을 더했다. 입주 당시 벽난로가 설치되어 있었지만 벽난로 위의 선반은 없고 틀만 갖춰져 있는 상태여서 크라운 몰딩을 잘라 선반을 직접 설치했다.

Before

1 크라운 몰딩과 선반을 고정시킬 수 있는 지지대 역할의 목재를 못으로 벽에 고정한다. (자투리 목재를 활용하느라 여러 개의 목재를 겹쳐 사용했지만 너비에 맞는 목재 하나만 사용하면 된다.)

2 크라운 몰딩을 둘러주고 그 위에 선반을 올린 후 네일건을 사용해 고정시킨다.

3 크라운 몰딩과 선반의 이음새 등 각각의 이음새 사이는 실리콘건을 사용해 실리콘으로 메꾸어 준다.

4 우드글루와 네일건을 사용해 벽난로 프레임을 따라 몰딩을 둘러주고, 흰색 페인트를 칠한다.

5 선반 아래의 타일 부분에는 스티커형 타일을 붙여준다.

6 스티커 타일과 벽난로 프레임의 이음새 부분에도 실리콘건을 사용해 실리콘으로 마무리해 준다.

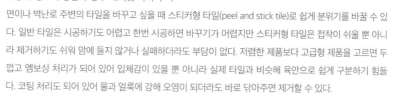

참고 저렴하고 간단하게 셀프 시공이 가능한 스티커형 타일

주방의 싱크대 상판과 상부 캐비닛 사이의 벽면이나 벽난로 주변의 타일을 바꾸고 싶을 때 스티커형 타일(peel and stick tile)로 쉽게 분위기를 바꿀 수 있다. 일반 타일은 시공하기도 어렵고 한번 시공하면 바꾸기가 어렵지만 스티커형 타일은 접착이 쉬울 뿐 아니라 제거하기도 쉬워 맘에 들지 않거나 실패하더라도 부담이 없다. 저렴한 제품보다 고급형 제품을 고르면 두껍고 엠보싱 처리가 되어 있어 입체감이 있을 뿐 아니라 실제 타일과 비슷해 육안으로 쉽게 구분하기 힘들다. 코팅 처리도 되어 있어 물과 얼룩에 강해 오염이 되더라도 바로 닦아주면 제거할 수 있다.

제품 참고 Amazon - stickgoo peel and stick tile, sky marble herringbone adhesive backsplash tiles

---

벽난로 위를 장식하는 방법은 여러 가지가 있지만 가장 기본적인 장식법은 삼각 구도의 장식법으로 정중앙에 거울이나 큰 그림을 걸고 양쪽 아래에 각각 화병이나 촛대, 적당한 크기의 그림 액자, 사진 액자 같은 소품을 올려 두면 균형감 있는 장식이 된다. 벽난로 위의 벽에 걸 거울이나 그림의 크기는 벽면의 반 이상을 커버하는 큰 사이즈로 해야 중심을 잡아주는 역할을 할 수 있다. 양끝의 소품도 너무 자잘한 것보다는 적당히 높이가 있는 것이 좋다. 벽난로 위에 액자나 소품들을 일렬로 늘어놓는 것은 자칫 번잡해 보일 수 있다. 화병에는 인조 나뭇가지를 꽂아 공간에 생기와 분위기를 더했다. 볼륨 있는 나뭇가지보다 여백이 많이 보이는 나뭇가지를 꽂아 두면 미니멀하면서도 고급스러운 공간 연출이 가능하다.

벽난로 위 정중앙에는 중심 구도를 잡아줄 수 있는 큰 거울을 걸고, 양쪽으로 화병과 촛대를 각각 배치했다.

(집 꾸미기 법칙 - 삼각구도법)

소파와 코너 벽 사이의 허전한 공간은 스탠드 램프를 두면 실용성은 물론이고, 공간을 채우면서도 인테리어 효과까지 낼 수 있다.

소파의 뒤쪽에는 소파 테이블을 두어 공간 분리를 했다. 벽난로 중심의 소파 배치를 하게 되면 소파의 등받이 부분이 드러나게 되는데 보통 미국인들은 이 공간에 콘솔 테이블을 놓아둔다. 이는 공간 분리 역할과 함께 보기 싫은 소파의 뒷부분을 가리는 역할을 한다.

소파 테이블 아래에는 라탄 소재의 바구니를 놓고, 소파에서 사용하는 스로우 블랭킷 등을 수납한다. 라탄 바구니의 색상은 정면 창문의 우드 쉐이드와 비슷한 컬러로 선택해 통일감을 주었다.

테이블 위는 높이가 비슷한 화병과 나이트 램프를 양 끝에 두었다. 그 사이에는 책을 두 권 정도 쌓아 받침대로 활용하고, 그 위에 직접 만든 스톤 느낌의 고리 오브제를 소품으로 올려 두었다.

벽면과 맞닿은 테이블의 장식은 벽난로 장식과 마찬가지로 삼각구도의 배치법을 활용해 소품 배치를 하면 되지만, 이렇게 오픈된 공간의 콘솔 테이블은 반대로 역삼각형의 구도 배치법을 활용해 소품 배치를 하면 시야를 가리지 않으면서도 균형감 있게 배치할 수 있다.

고리 모양의 오브제가 유행이지만 브랜드 제품의 경우 100불이 넘고, 저렴한 제품도 2~30불
대가 대부분이다. 하지만 클레이 한 팩만 있으면 저렴하고도 손쉽게 집에서도 만들 수 있다.

1 동량의 클레이 두덩이를 나눠 두 개의 고리를 만들어 엮어 주고, 이음새 부분은 손에 물
   을 묻혀 문질러서 표면을 매끈하게 만든다.
2 그늘에서 3~4일 정도 완전히 건조시킨 후 검정색 아크릴 페인트로 칠한다. (매끈한 표면
   을 원할 경우 샌드 페이퍼로 살짝 갈아주면 된다.)
3 스톤 느낌을 표현할 수 있는 컬러(화이트, 그레이, 브라운 톤)의 아크릴 페인트나 초크 페
   인트를 각각 스펀지에 묻혀 불규칙하게 톡톡 두드려 주면 자연스러운 스톤 느낌을 연출
   할 수 있다.

거실의 스타일링 컬러에 맞춰 화이트 톤의 커튼을
달아 밝고 환한 거실을 연출했다. (집 꾸미기 법칙 - 뉴트
럴 컬러) 커튼의 레일은 천장에 가깝게 설치해 거실 공
간을 더 넓어 보이도록 했다. 커튼은 창문 위를 기준
으로 다는 것보다 천정에 가깝게 달면 시선이 천정 쪽
으로 향하게 되어 집이 훨씬 더 넓고, 커 보이는 효과
가 있다. 커튼의 길이는 바닥에 살짝 닿거나 바닥에서
0.5~1센티 정도 올라간 정도로 하는 것이 좋다.

제품 참고 커튼 | IKEA - RITVA

이케아 커튼의 뒷면을 보면 커튼 핀을
끼우는 구멍이 여러 개 있다. 이것을 플
리터 훅이라는 커튼핀으로 일정한 패턴
으로 커튼 구멍에 끼우면 예쁜 주름을
잡을 수 있다.

Before   After

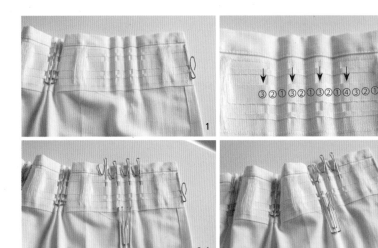

1 커튼 양쪽 끝에는 1개짜리 훅을 끼운다.

2 그다음 칸부터 4번째, 3번째, 3번째, 3번째 칸에 4개짜리 플리터 훅을 끼운다.

3 위쪽에 1개짜리 훅을 끼워 표시를 해 두면 헷갈리지도 않고, 끼우기도 훨씬 쉽다.

4 이 패턴을 반복해서 끼운다.

참고 15칸짜리 커튼은 3번째 3번째 3번째 3번
째 칸에 플리터 훅을 끼운다.

제품 참고 **플리터 훅** | Amazon - Long Neck
Pleater Drapery Hooks

거실의 악센트 컬러인 블루 톤의 그림을 소파 뒤 벽면에 걸었다. 어두운 에스프레소 컬러의 프레임은 TV 스탠드의 상판, 커피 테이블 세트의 상판 컬러와 비슷해 통일감이 있어 보이도록 했다. (집 꾸미기 법칙 - 그림 걸기)

소파 위의 쿠션 컬러는 소파 뒤 벽면 그림의 컬러와 비슷한 블루, 다크 블루 톤으로 맞춰 통일감을 주었다.

쿠션은 단색 쿠션, 패턴 쿠션, 질감 쿠션을 조합하여 단조로워 보이지 않도록 했다.

인터넷에서 20년도 넘은 커피 테이블과 엔드 테이블을 중고로 70불에 구입해서 스테인을 입히고, 페인트를 칠해서 5년간 사용했지만 잦은 이사와 세월의 흔적으로 낡은 것 같아 다시 샌딩기로 갈아내고 스테인을 입혀 새것처럼 만들었다.

Before

After

1 샌딩기를 사용해 기존의 색상이 사라지고 원목이 드러날 때까지 갈아낸다. 샌드 페이퍼 60번과 (가장 거친 면) 80번을 사용해 갈아내고, 120번 180번 220번을 순서대로 각각 사용해 표면을 매끄럽고 부드럽게 만든다. 샌딩기를 사용할 때 너무 힘을 주어 누르면 샌드 페이퍼의 회전 자국이 그대로 남을 수 있으니 가볍게 쥐고 힘을 실지 않은 채로 가는 것이 포인트!

2 헝겊으로 나무 먼지를 깨끗하게 여러 번 닦아내고, 스펀지 브러쉬로 프리 스테인을 바른다. 프리 스테인 작업을 하지 않고 바로 스테인을 입히면 얼룩덜룩해지기 쉬우므로 꼭 프리 스테인을 바르는 것이 좋다.

3 약 20분 정도 프리 스테인이 스며들 시간을 준 뒤에 스테인을 스펀지 브러쉬로 바르고, 곧바로 헝겊으로 닦아낸다. 건조 시간이 단축되고, 색도 얼룩지지 않고 골고루 잘 입혀진다.

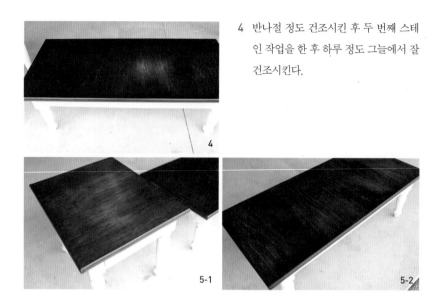

4 반나절 정도 건조시킨 후 두 번째 스테인 작업을 한 후 하루 정도 그늘에서 잘 건조시킨다.

5-1

5-2

5 폴리우레탄을 스펀지 브러쉬로 바르고 약 3~4시간 건조시킨 후, 샌드 페이퍼로 살짝 갈아내고 다시 한 번 더 폴리우레탄을 바른다. (광택 효과를 원한다면 5번 과정을 한 번 더 반복한다.)

커피 테이블 위에는 트레이를 두고 트레이 위에 화병, 캔들, 장식용 오브제인 빈티지 종으로 장식했다. (집 꾸미기 법칙 - 3품법)

테이블 스타일링 소품 중 트레이는 인테리어 필수 소품이다. 작은 소품들을 테이블 위에 올려놓으면 어수선해보이고 물건들을 늘어 놓은 것처럼 보일 수 있다. 이때 트레이를 사용해서 소품들을 트레이 위에 올려 두면 장식용품으로 향하는 시선이 분산되지 않고 한눈에 들어와 정돈되어 보이고, 청소할 때에도 각각의 소품을 옮기지 않고 트레이만 옮겨서 청소할 수 있어 편하다. 라탄 트레이, 우드 트레이, 마블 트레이 등 다양한 소재의 트레이를 인테리어에 활용하면 단정하면서도 센스 있는 연출이 가능하다.

T.I.P | 빈티지풍 화병 DIY ——————————————————

미국에서는 낡고, 흙먼지가 잔뜩 묻은 듯한 느낌의 빈티지 화병이 인기이다. 오래되고, 때가 탄 화병이라 저렴하게 구입할 수 있을 것 같지만 막상 브랜드 제품을 사려고 보면 포터리 반(www.potterybarn.com) 제품은 200불대, RH(www.rh.com)의 빈티지 화병은 500불대도 심심찮게 넘어간다. 그래서 이런 비싼 브랜드 제품이나 디자이너 제품 대신에 저렴하게 중고샵에서 구입하거나 인테리어 샵에서 구입해 직접 빈티지 효과를 내는 DIY 작업을 통해 일부러 흙먼지 묻고 오래되어 때가 탄 빈티지 화병을 만드는 게 유행이다. 진흙이나, 커피 가루 등을 이용하는 방법도 있지만 아이들이 집에서 가지고 노는 사이드워크 초크(sidewalk chalk)로 빈티지 효과를 낼 수 있다. 사이드워크 초크가 없을 경우 다이소나 달러샵에 판매하는 저렴한 컬러 분필, 또는 파스텔을 사용해도 된다.

1 화병에 검정색 스프레이 페인트를 칠
   한 후 잘 건조시킨다.

Before

2 사이드워크 초크 중 흙먼지 색을 만들 수 있는 흰색, 갈색, 회색과 스펀지, 샌드 페이퍼를 준비한다.

3 샌드 페이퍼에 초크 페인트들을 갈아서 가루로 만들어 대충 섞고, 스펀지는 물에 묻혀 물기를 짜낸 후에 초크 페인트 가루들을 화병에 톡톡 찍어가며 묻힌다.

4 손에 비닐장갑이나 라텍스 장갑을 끼고 초크 페인트 가루가 화병에 골고루 잘 펴발리도록 문질러준다.

5 스펀지를 다시 물에 적시고 물기를 짜낸 후, 여분의 가루들을 화병 군데군데 톡톡 두드려서 좀 더 자연스러운 흙먼지 느낌을 연출한 후 말린다.

6 (선택사항) 코팅 스프레이를 뿌리고 건조시키면 손에 묻지 않고 영구적으로 빈티지 효과를 즐길 수 있다.

참고 베이지 컬러의 스프레이 페인트 후 같은 방법으로 만든 빈티지 화병

Before   After

화병에는 키가 낮고 꽃봉오리가 자
잘한 작은 조화를 꽂아 시야를 가리지
않도록 했다.

엔드 테이블 위에는 책을 쌓아 받침
대로 활용하고, 그 위에 큰 장식용 보
울을 올리고 장식용 필러로 채웠다.

엔드 테이블에 나이트 램프를 올려
놓는 경우, 나이트 램프를 포함한 3품
법으로 두 가지 정도의 소품을 더 추가
해 장식하면 좋다.

스타일링 예 1: 나이트 램프 + 높이가
낮은 작은 녹색 식물 + 책 두 권을 쌓
아 받침대로 두고 그 위에 캔들 또는
오브제를 놓는다.

스타일링 예 2: 만약 나이트 램프를 올
려 둘 필요가 없을 때는 엔드 테이블
위에 화병을 놓고, 엔드 테이블 공간을 채워줄 수 있을 정도의 풍성한 조화 또는
키가 큰 나뭇가지 두세 가지 + 캔들 + 책 두 권 정도 쌓은 받침대 위에 오브제를
놓는다.

스타일링 예 3: 화병 대신 장식용 보울을 올릴 경우, 필러 대신에 계절에 따라 가
을에는 장식용 모조 호박, 겨울에는 오너먼트 등으로 채워서 분위기를 바꿀 수
있다.

벽난로의 오른쪽 아래에는 콘센트와 인터넷 케이블 연결 콘센트가 있고, 공유기를 연결해두었는데 이것을 가리기 위해 라탄 바구니를 두고 인터넷 모뎀과 공유기 등은 라탄 바구니 속으로 넣고, 연결한 선은 라탄 바구니 틈으로 빼내어 벽면의 콘센트와 연결했다. 보기 싫은 선들과 인테리어를 해치는 장비들을 가릴 수 있을 뿐만 아니라 인테리어 효과도 있다. 스로우 블랭킷을 무심한 듯 살짝 걸쳐주어 멋스러움을 더했다.

소파의 맞은편에는 TV를 벽에 걸고 선은 벽 뒤로 직접 매립해서 TV 스탠드 위를 스타일링 공간으로 만들었다.

　벽면과 맞닿은 테이블 공간은 삼각구도법을 활용해 TV를 중심으로 양 옆에 캔들과 화병을 각각 올려 주었다. 삼각구도법을 활용한 벽난로 선반의 경우는 거울이 선반에 맞닿아 있어 빈공간이 없지만, 벽걸이 TV와 TV 스탠드 사이에 비는 공간이 있어 테이블 장식법인 3그룹법을 활용했다. (집 꾸미기 법칙 - 3그룹법)

　비슷한 크기와 높이의 소품보다 각각의 모양과 높이가 다른 소품들을 스타일링 하는 것이 균형 있고 보기도 좋으므로 쌓을 수 있는 직사각형의 수납함을 올려 두었다.

　TV 스탠드와 코너 벽 사이에는 키가 큰 모조 올리브 나무를 두어 허전한 공간을 채움과 동시에 생기 있고 따뜻한 공간을 연출했다. (집 꾸미기 법칙 - 녹색 식물)

모조 올리브 나무를 화분에 넣고 택배 포장 비닐 충전재를 재활용해서 채운 후에 인조 이끼로 덮어 생화처럼 연출했다.

플랜테리어로 활용할 녹색 식물이나 모조 식물을 바닥에 놓아둘 경우, 주변 가구보다 더 키가 크거나 사람 키 높이만큼 큰 것을 선택하면 시선을 위로 향하게 할 수 있어 집이 넓어 보이는 효과가 있다. 키가 작은 식물을 바닥에 두면 오히려 공간을 복잡하게 만드는 역효과가 있으므로 높이가 있는 화분 받침대를 활용하거나 화분 테이블 위에 올려 높이를 높여주는 것이 좋다.

거실과 키친 공간으로 이어지는 큰 벽면에는 대형 벽걸이 시계를 걸어 허전한 공간을 채움과 동시에 인테리어 효과를 더했다.

할 일은 제일 많은데 여유는 제일 없는 공간. 눈감고 못
본척하고 싶지만, 눈을 감아도 생각나는 공간. 살림에
대한 배움이 없던 초보 시절 가장 부담스러운 공간이
바로 주방이었다.

하지만 지금은 달라졌다. 매일의 살림이 시작되는
곳, 살림의 재미를 느끼는 곳. 이제 이 공간은 오랜 시
간에 걸쳐 나에게 꼭 맞는 맞춤형 주방이 되었다.

나에게 최적화된 공간, 키친

6년 전 미국에서 첫 집을 구입할 때 키친의 조건이 '오픈 콘셉트의 아일랜드 키친이 아닐 것'이었다. 조리 공간과 거실의 공간 분리가 확실한 것을 원했기 때문이었다. 하지만 두 번째 집을 구입할 때는 무조건 아일랜드 조리대가 있는 오픈 키친을 고집했다. 개방감이 있어 집이 훨씬 더 넓어 보였고 아일랜드 조리대는 생각보다 훨씬 더 유용해 보였기 때문이다.

미국의 집은 식탁을 놓는 공간이 두 군데이다. 한 군데는 가족들이 간단하게 식사를 할 수 있는 브렉퍼스트 눅breakfast nook 이라는 곳으로 주방 한 켠에 마련된 작은 식탁을 두는 공간이고, 또 다른 한군데는 포멀 다이닝룸이라고 해서 보통 8인용이나 그 이상 크기의 식탁을 두고 손님 초대나 특별한 날 식사를 하는 공간이다.

요즘은 크기 대비 효율적인 공간 활용을 위해서 브렉퍼스트 눅을 없애고, 아일랜드 조리대가 그 기능을 대신하고, 포멀 다이닝룸을 따로 만들기보다는 주방 가까이에 오픈된 캐주얼 다이닝 공간을 둔다. 물론 일정 크기 이상의 집들은 여전히 아일랜드 조리대는 물론이고, 브렉퍼스트 눅과 포멀 다이닝룸을 모두 갖추고 있다. 캐주얼 다이닝 공간만으로도 충분했던 나는 특별히 브렉퍼스트 눅과 포멀 다이닝룸이 필요하지는 않았지만, 아일랜드 조리대를 브렉퍼스트 눅으로 사용하는 것은 살림하는 입장에서 꽤 편했다. 아이들의 등교 준비로 바쁜 아침, 간단하게 아침식사를 하고, 간식을 먹고, 때로는 야식을 먹는 공간으로 조리를 하는 곳에서 식사도 할 수 있으니 식사 후 조리대 청소만으로 간단하게 식사 정리가 끝난다. 조리를 하는 동안에도 가족들과 소통할 수 있는 것도 장점이다. 그러

나 아일랜드 조리대의 최고 장점은 여유 있는 조리공간이다. 공간의 여유는 마음의 여유를 준다. 그래서인지 요리를 하는 것도, 청소를 하는 것도 재미가 있다.

사실 주방은 내가 가장 많은 애정을 쏟은 곳이기도 하다. 10여 년간 살림을 해오면서 거친 수차례의 시행착오를 통해 마침내 만족할 만한 나만의 정리 시스템을 만들었다.

점점 가짓수가 늘어가는 향신료를 수납 바구니에 수납했다가, 여러 가지 수납 방법을 거친 후, 마침내 서랍장 수납으로 정착했다. 싱크대 하부장 깊숙이 수납한 냄비를 꺼낼 때마다 쪼그리고 앉아 싱크대 안을 들여다보는 것이 그렇게 불편할 수 없었다. 효율적인 정리 방법이 없을까 찾아 헤맨 끝에 선반 양쪽에 레일을 달아 서랍형 선반을 만들었고, 냄비 수납 고민도 종결지었다. 싱크대 한 칸 한 칸, 서랍장의 작은 구석하나도 어떻게 하면 효율적으로 바꿀 수 있을까 궁리했다.

그렇게 오랜 시간 고민과 노력을 거치자, 서서히 주방에 내 생활습관과 삶의 방식이 녹아 들었다. 대표적인 예로, 나는 일주일치 식단을 미리 짜서 장을 본다. 이 방법은 경제적 절약뿐만 아니라 식재료 손질에 쏟는 시간도 절약해주고, 주방 공간까지 절약해 주었다. 계획성 있는 식단은 불필요한 식재료 구입을 방지하고, 냉장고 안의 저장 공간 낭비를 방지한다. 무르거나 상해서 버려지는 식재료도 거의 없다. 주말에 일주일치 식재료를 채워 넣고, 일주일이 끝나가는 금요일이면 자연스레 냉장고는 텅텅 빈다. 깨끗한 냉장고를 유지하는 비결이기도 하다.

◆ 키친, 다이닝 공간 스타일링

키친, 다이닝 공간의 메인 컬러를 결정짓는 가구인 식탁 세트가 짙은 우드 톤과 블랙 컬러였고, 가구를 바꿀 계획은 없었기에 식탁 세트의 컬러에 맞춘 인테리어로 메인 컬러는 블랙, 다크 우드, 화이트로 정했다.

◆ 키친 스타일링 포인트

키친은 조리를 하는 공간일 뿐만 아니라 아일랜드에서는 간단하게 식사를 하거나 간식을 먹는 공간이기 때문에 가전과 조리도구, 식기류나 음식물 등으로 순식간에 복잡해지기 쉬운 공간이다. 그래서 싱크대 상판 위나 아일랜드 위의 공간은 그때그때 필요한 것들만 꺼내 사용하고, 사용이 끝나면 제자리에 돌려놓아 항상 정돈된 상태를 유지한다. 이렇게 말하면 정말 그게 가능한 거냐며 묻는 사람도 있다. 물건이나 도구의 제자리가 싱크대 위라면 힘들겠지만 각각의 제 자리가 마련되어 있고, 그곳이 싱크대가 아닌 다른 곳이라면 쉬운 일이다. 제 자리에 돌려놓기만 하면 되니까.

　그래서 키친은 특별한 스타일링이 없는 것이 스타일링이다. 나에게는 깔끔하고 광택나는 대리석 상판 그 자체가 인테리어다. 하지만 그런 공간에도 작은 따뜻함은 필요하기에 몇 가지 소품들로 차가운 대리석 상판에 온기를 더했다.

　아일랜드 위에는 작은 트레이를 올리고, 그 위에 올리브 조화 가지를 넣은 화병과 캔들 절구통을 소품으로 활용했다.(집 꾸미기 법칙 - 3품법) 키친이라는 공간의 특성상 주방 도구들을 훌륭한 소품으로 활용할 수 있다. 화병에 조화 대신 나무 조리 도구들을 꽂아 두고, 작은 다육 화분과 귀여운 소금 후추통으로 데코해도 센스 있는 스타일링이 된다.

　냉장고 옆의 싱크대 위 벽에는 콘센트, USB 포트 등으로 벽이 복잡해 보여서 벽을 가리기 위해 그림 액자를 올려 두었다.

공간에 어울리면서도 따뜻하고 상큼한 느낌이 드는 레몬 그림을 직접 그려서 액자에 넣었고, 과일 바구니에는 평상시 바나나, 사과 같은 그날그날 가족들이 먹을 과일을 올려 둔다. 과일이 없을 때는 과일 바구니가 데코 소품으로 활용될 수 있도록 인조 레몬을 담아 두곤 한다.

냉장고 옆 벽면에는 일주일 먹을 식단을 쓸 수 있는 식단표를 작성해 비닐 파일에 넣은 후 자석으로 고정시켰다. Dry Erase Marker(수성펜)로 파일 위에 식단표를 작성하고, 일주일이 지나면 휴지로 쉽게 닦아내고 다시 쓸 수 있어 매번 파일을 출력할 필요가 없다. 아침 식사는 보통 시리얼, 빵, 와플, 오트밀 등 간단하게 먹기 때문에 메뉴가 따로 필요치 않고, 아이들 점심 도시락 식단과 온 가족이 먹을 저녁 식단만 작성한다.

창가 쪽 싱크대 옆에는 녹색 허브 식물을 둬서 키친 공간에 인테리어 효과뿐 아니라 생기를 더하고, 조리할 때 식재료로 그때마다 잘라먹을 수 있어 일석이조이다.

◆ 다이닝 공간 스타일링 포인트

포멀 다이닝룸이 따로 없는 캐주얼 다이닝 공간이라 너무 무겁지 않은 분위기로
스타일링했다. 가족들이 식사를 즐기는 공간이 되어야 하는 것은 물론이고, 손
님이 방문했을 때 미국 어느 작은 동네의 카페 같은 느낌으로 편안하게 수다 떨
고 커피 마시기 좋은 공간이 되었으면 해서 다이닝 공간 한쪽에 카페 카운터 분
위기가 나는 커피 스테이션을 만들었다.

　커피 머신과 커피 용품, 컵 등을 진열해 두고 계절에 맞게 조금씩 장식용품들
을 바꾸어 가며 집안의 분위기를 바꾸고 기분 전환을 하는 이 공간을 미국에서

는 커피 스테이션coffee station 또는
커피 바coffee bar라고 부른다.

　홈카페를 위해 커피 머신을 올
려 둘 부페 테이블을 구입하고, 그
뒤의 벽면에는 러스틱한 카페 카
운터를 연상시킬 수 있도록 검정
색 초크 페인트로 초크보드월을
만들어 하얀 분필로 끄적끄적 낙
서만 해도 감성적인 분위기가 살
아나는 공간으로 바꾸었다. 흔히
홈카페나 새로운 인테리어 공간을
만든다고 하면 비용이나 시간에서
부담을 느낀다. 큰 비용이나 시간
을 들이지 않아도 적절한 소품과
스타일링을 통해 새로운 공간이
탄생할 수 있다.

1 초크 페인트를 칠할 공간을 마스킹 테이프로 표시한다.

2 블랙 초크 페인트를 칠한 후 완전히 다 마르고 나면 두 번째 칠을 한다.

3 초크 페인트를 칠한 테두리 부분에 나무 프레임을 덧댄다.

4 목재 재료상에서 구입한 나무판에 프리 스테인 우드 컨디셔너(스테인이 골고루 입혀질
   수 있도록 하기 위한 전 처리 제품) - 스테인(건조 후 한 번 더 칠함) - 폴리우레탄(코팅 작
   업)을 칠한 후 완전히 건조시킨다.

5 선반과 조명을 설치한다.

저렴한 유선 조명을 구입한 후, 선을 잘라내고, 리모콘으로 전원을 켤 수 있는 저렴한 퍽라이트 (무선 조명등)를 조명등 안의 전구 자리에 글루건으로 붙여준다.

제품 참고 **프리 스테인 우드 컨디셔너** | Minwax oil based pre stain wood conditioner

스테인 | Minwax wood finish oil based espresso

폴리우레탄 | Minwax clear satin oil based polyurethane

선반 브라켓 | Amazon-winker corner brace 4pcs shelf bracket

조명 | Amazon - Plug in wall sconce 2 pack

퍽라이트(무선 조명등) | Amazon - puck light

T.I.P | **스테인과 페인트의 차이점** ────────────────────

목재에 스테인을 입히는 것과 페인트칠을 하는 것은 그 결과물이 다르게 나타난다. 스테인은 나무에 염색을 하는 작업으로 고유의 나뭇결을 살릴 수 있다. 페인트칠은 목재에 색을 덮어버리는 것으로 나뭇결도 페인트에 묻혀 버린다.

──

◆ 커피 스테이션 스타일링 포인트

커피 스테이션의 부페 테이블 위에는 에스프레소 머신을 올리고 작은 트레이 위에는 빨대와 아이들 손 닿기 쉽도록 코코아를 올려 두었다. 케이크 트레이에는 아이들이 학교 다녀와서 먹을 수 있는 컵케이크나 빵, 머핀 등 간식들을 넣어 어른뿐 아니라 아이들도 커피 스테이션을 즐길 수 있도록 했다.

작은 카페의 카운터 뒤로 보이는 선반 느낌을 내기 위해 모카포트, 커피 분쇄기, 커피컵, 원두 등을 선반 위에 올려 수납과 동시에 데코 소품으로 활용했다.

검정색 초크보드월은 어둡고 답답한 느낌을 줄 수 있어 녹색 조화나 녹색 식물을 선반 곳곳에 두어 생기를 더했다. 초크보드월의 특성을 활용해 분필로 카페 분위기가 나는 그림이나 낙서를 했다. 이 공간은 특별한 날 가족들에게 축하 메세지를 쓰는 공간으로 활용할 수 있다. 메세지를 지울 때는 젖은 키친 타올로 닦아 낸 후 마른 타올로 한 번 더 닦아내면 된다.

선반 위의 소품은 집 꾸미기 법칙의 3그룹법으로 배치했다.

조화 - 커피 사인 - 모카포트 (상단 선반)
원두 - 커피 분쇄기 - 커피컵 (하단 선반)

소품들의 키가 비슷하면 단조로워 보일 수 있어 높낮이에 변화를 주기 위해 책을 쌓아서 받침대로 활용했다. 책을 받침대로 활용할 경우, 책 표지의 색깔이 인테리어 콘셉트나 색깔과 맞지 않을 수 있다. 그런 경우에는 책의 제목이 보이지 않게 뒤로 놓고 소품들을 올려 두면 감성 있는 인테리어 받침대가 된다.

T.I.P | 적은 커피 원두로 가득 채운 효과 내기

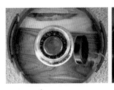

원두 커피는 추출하기 직전에 갈아서 마셔야 커피 본연의 풍미를 잘 느낄 수 있어 소량만 구입하고 있다. 그러나 소품으로 활용하고 있는 커피 원두 용기가 너무 커서 소량의 커피로 다 채울 수 가 없다. 원두가 가득 담긴 커피 용기는 커피 스테이션의 인테리어 효과도 있어서 적은 양으로도 가득 찬 효과를 주기 위해 용기 속에 컵을 거꾸로 세워 넣은 후 나머지 공간에 커피를 채워준다.

초크보드월 옆 벽면에 커피 메뉴가 쓰인 그림을 액자에 넣어 걸어주면 정말 어느 카페의 한 모퉁이 같은 느낌이 난다.

전선 연결이 필요 없는 퍽라이트를 활용한 조명등은 평상시에는 은은한 웜라이트를 켜두고, 핼러윈 때는 보라색, 또는 오렌지색 라이트 등 분위기에 따라 리모컨으로 바꿀 수 있는 것이 장점이다.

입주 당시에 설치되어 있던 식탁 위의 샹들리에는 실버 컬러의 크롬으로 마감된 제품이라 다이닝룸의 콘셉트와 전혀 어울리지 않아 블랙 컬러의 샹들리에로 교체했다. 왼쪽 코너 공간에는 인조 피들 리프 피그 나무와 몬스테라 생화를 두어 공간에 자연색을 더하고 생기를 주었다. (집 꾸미기 법칙 - 녹색 식물)

인조 나무는 짙은 우드 톤의 라탄 바구니에 넣고 종이를 구겨 넣어 빈 공간을 채운 뒤 인조 이끼로 그 위를 덮어 인조 화분의 보기 싫은 부분을 가려서 생화와 비슷한 느낌을 줄 수 있도록 했다.

코너의 벽면에는 단순한 무채색의 추상화를 직접 그리고 테마색인 블랙 컬러의 프레임에 넣어 허전한 벽면의 공간을 채웠다. (집 꾸미기 법칙 - 그림 걸기)

제품 참고 액자 | IKEA - RIBBA

식탁 위는 러너를 중간에 펼치고, 접시를 올리는 차저를 트레이로 활용해서, 그 위에 화병과, 캔들, 음료 코스터를 올려 데코했다. (집 꾸미기 법칙 - 3품법) 화병에는 조화를 꽂아 식탁과 다이닝 공간의 분위기를 화사하게 만들었다.

제품 참고 화병 | hobbylobby

오른쪽의 커피 스테이션은 봄 시즌을 맞아 화병에 들꽃 조화를 더했다.

T.I.P | 조화 꽃꽂이

플로리스트가 아니기에 전문가처럼 꽃꽂이를 할 수 없지만 예쁜 조화를 사 놓고도 어떻게 꽂아야 할지, 어떻게 조화를 시켜야 할지 몰라 답답했던 때가 있었다. 여러 번의 시행착오를 거쳐 나름대로 조화로운 꽃 종류를 선택하는 방법과 다듬는 방법을 터득하면서 나만의 꽃꽂이 요령이 생겼다.

1 조화를 선택할 때는 저렴한 가격보다는 조금 비싸더라도 멀리서 봤을 때 생화처럼 보이는 질 좋은 조화를 고른다.
2 꽃봉오리가 큰 메인이 될 꽃은 3송이, 또는 5송이 정도로 홀수로 고른다.
3 메인 꽃을 돋보이게 해줄 수 있는 작은 들꽃 같은, 꽃봉오리가 아주 작은 꽃들을 군데군데 꽂는다.

4 꽃을 감싸주고, 풍성하게 보일 수 있는
   녹색 잎 두세 가지를 군데 군데 꽂는다.
   조화의 줄기가 화병보다 훨씬 더 긴 경
   우가 있다. 이때 줄기를 자르기 보다는
   구부려서 길이를 줄여주면 화병이 바뀌
   더라도 계속 길이를 조절해서 장식할
   수 있다.

엘리네 살림 노하우

'보기 좋은 수납이 유지하기도 쉽다.' 오랜 시행착오를 통해 깨달은 나만의 수납 공식이다. 온라인상에 수많은 정리 정돈 아이디어들이 넘쳐 나지만, 편리성만 생각한 나머지 시각적으로는 별로인 경우도 있다. 영어에 Eyesore라는 단어가 있는데 '눈엣가시'처럼 거슬린다는 의미이다. 편하긴 하지만 볼 때마다 거슬린다면 수납법을 계속 유지할 수 없다. Eyesore와는 반대되는 말로 Eye candy가 있다. '내 눈에 사탕'이라니 말 그대로 '눈 호강'이라는 뜻이다. 나에게 맞는 수납법을 선택할 때 편리성은 물론, 볼 때마다 기분 좋고 만족스러운 Eye candy같은 수납 시스템을 만들기 위해 몇 가지 원칙을 세웠다.

◆ 주방 살림 정리 포인트

1. 적절한 정리 도구 사용

초보 주부 시절, 정리를 위한 도구를 구입하는 것이 불필요한 소비처럼 느껴지고, 구입 비용이 부담스러워 미루고 미뤄 왔었다. 그러나 결국 정리 도구는 옵션이 아니라 필수임을 깨닫고 지갑을 열어야 했다. 접시 정리대는 선반 한 칸의 공간을 두 칸으로 만들어 공간 활용을 극대화할 수 있었고, 프라이팬 정리대는 매번 싱크대 앞에 쭈그려 앉아 겹겹이 쌓인 프라이팬을 꺼내느라 씨름하지 않게 해주었다. 정리 도구에 투자한 비용은, 공간의 여유와 더 편리해진 살림의 질로 돌아온다는 것을 깨달은 뒤로 적절한 정리 도구 사용은 망설이지 않는다.

2. 물건 구입 전 수납할 공간 먼저 생각하기

요즘은 하루가 멀다하고 편리한 아이디어 상품들이 쏟아져 나온다. 결국 약간의 수고를 덜자고 공간을 내어주지만 그런 상품들을 늘려가다 보면 점점 복잡해지는 주방 공간에 다시 스트레스가 쌓인다.

'여유 공간을 얻기 위해 내가 이 물건을 버리고 약간의 수고 정도는 감수할 수 있을까?' 결혼 10여 년간 열 차례 이사를 다니면서 물건을 비워낼 때, 그 물건을 들일 때와 반대되는 생각을 하고 있던 나를 발견했다. 그래서 지금은 새 물건, 조금은 편리해 보이는 상품들에 혹할 때 '편리해 보이지만 내가 조금만 수고스러움을 감수하면 굳이 필요없지.'라며 마음을 다잡는다.

3. 통일된 수납함과 통일된 용기 사용

수납함과 용기를 통일시켜주면 그 공간이 훨씬 더 깔끔하고 정돈되어 보이기 때문에 그 자체로 인테리어 효과가 있다. 그래서 각각 따로 구입하는 것보다 공간별로 통일된 수납함으로 한 번에 구입하는 것이 좋다. 환경을 생각하면 플라스틱 사용을 자제하는 것이 좋겠지만 수납함으로 사용하는 플라스틱 제품들은 크게 낡지도 부서지지도 않기 때문에 한번 사두면 영구적으로 쓸 수 있다. 내구성,

관리, 청소 등을 고려해서 처음부터 튼튼한 플라스틱 제품을 오래 사용하는 것이 오히려 실용적이고 효율적일 수도 있다. 다만 플라스틱 제품은 구입할 때 쓰임 새나 크기, 수납할 공간 사이즈를 고려해 신중하게 구입하고 오래도록 사용해야 할 것이다. 또한 환경 보호를 위해 구입한 음식의 용기를 버리지 않고 재사용하는 것도 좋은 방법이다. 대신 단정한 수납을 위해 다양한 용기를 사용하기 보다는 같은 종류의 용기를 여러 개 모아 두었다가 사용하는 것이 나의 Eye candy같은 정리 비법이기도 하다.

4. 라벨링

공간을 정리, 정돈했다면 그대로 유지할 수 있는 가장 쉬운 방법은 라벨링이다. 라벨링은 물건을 쉽게 찾기 위해서이기도 하지만 반대로 물건을 제자리에 돌려 놓기 위한 것이기도 하다. 물건의 제자리에 주인의 이름을 붙여주면 나뿐만 아니라 다른 가족들도 그 자리의 주인 되는 물건이 아닌 다른 물건을 넣는 것을 방지하고 제 이름이 쓰여 있는 수납함을 찾아서 넣어주도록 도와준다. 그래서 한번 체계적으로 그 공간과 시스템을 만들어 두면 오래도록 정돈된 공간으로 유지할 수 있는 것이다.

T.I.P | 내부가 보이지 않는 수납함은 QR코드 스티커로 ──────────────

내부가 보이지 않는 대형 수납함은 라벨링을 하더라도 수납된 물건이 많아 어떤 물건들이 들어 있는지 몰라서 열어봐야 할 때가 종종 있다. 이럴 때 QR코드 스티커를 활용하면 무거운 대형 수납함을 일일이 꺼내서 열어보는 수고를 할 필요가 없다.

1 QR코드 스티커를 구입한 후, QR코드 제조사의 스캐너 앱을 휴대폰에 다운로드한다.

2 수납함에 QR코드 스티커를 붙이고, 수납함에 들어가는 물건들의 사진을 찍어 스캐너 앱에 저장한다.

3 스캐너 앱을 통해서 QR코드를 스캔하면 수납함에 들어 있는 물건들의 사진을 보면서 필요한 물건이 든 수납함을 쉽게 찾을 수 있다.

4 수납함에 QR코드와 함께 들어 있는 물건의 큰 카테고리도 함께 써두면 각각의 수납함을 다 스캔할 필요 없이 필요한 수납함만 스캔하면 되므로 편리하다.

제품 참고 Amazon - Totescan intelligent QR lables for organizing

---

5. 1주일 식단 짜서 장보기

한식을 먹는 한국 여자와 양식을 먹는 미국 남자가 결혼해서 살다 보니 어느 한쪽으로 치우친 식단이 아닌 1주일 동안 한식 양식 골고루 먹을 수 있도록 식단을 짜기 시작했고, 이 습관이 결국 냉장고 정리와 식비 절약에 큰 도움이 되었다.

T.I.P | 식단 짜는 방법 ───────────────────

1 주말에 일주일 치 식단을 정하고, 장보기 전에 필요한 식재료와 양을 작성한다.

2 식단을 구성할 때 냉장고나 냉동실에 남은 식재료를 먼저 소진할 수 있는 메뉴를 한두 끼 정도 우선적으로 정한다.

3 장을 볼 때는 필요한 양의 식재료만 구입한다. 재료 보관을 위한 손질에 시간을 쓰지 않아도 되고, 재료가 상하거나 물러져서 버리는 일도 없다. 또한 냉장고의 공간에도 여유가 생긴다. 혹 재료가 부족하지는 않을까, 냉장고가 비어서 먹을 음식이 없지는 않을까 걱정이 될 수도 있지만 음식이 남아서 버리는 것보다는 부족한 게 낫고, 냉동실이나, 팬트리에 있는 음식으로 충분히 배를 채울 수 있다.

6. 홈메이드 만능 얼룩 제거제

바닥의 대부분이 카펫인 집에 살다 보면 아이들이 흘린 음식 자국, 생활 오염 등 각종 얼룩이 골칫거리다. 하지만 이 홈메이드 만능 얼룩 제거제로 대부분의 얼룩들은 손쉽게 제거할 수 있다.

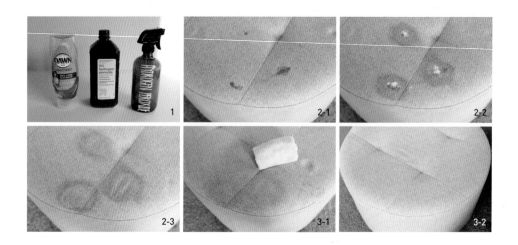

1 과산화수소 1컵, 주방 세제 1~2방울을 분무기에 넣고 거품이 너무 일지 않을 정도로만 살짝 흔들어 섞어준다.

2 제거할 얼룩 부위에 베이킹 소다를 살살 뿌린 후, 그 위에 얼룩 제거제를 표면이 젖을 정도로 뿌린 후 칫솔로 문지른다.

3 얼룩이 제거되고 나면 젖은 수건으로 잔여 제거제를 닦아내고 그대로 건조시키면 된다.

싱크대 이렇게 정리해요

♦ **싱크대 상부장 1**

냉장고에서 물이나 음료를 꺼내서 마
실 때 동선을 최소화하기 위해서 냉장
고 바로 옆 상부장에 각종 컵 종류를
수납했다. 아래 위 남는 공간 없이 효
율적으로 사용하기 위해 선반 정리대
를 넣어 공간을 분리해 공간 사용을 극
대화했다.

　와인잔, 물컵 등 아래, 위의 너비가
다른 디자인의 컵들은 그 폭 때문에 애
매하게 공간이 부족해서 한 줄 더 진열
할 수 없어 공간을 낭비하는 경우가 있
다. 이럴 때는 컵을 아래, 위로 방향을
바꿔서 교차로 진열하면 공간에 여유가 생겨 애매하게 모자라 낭비하는 공간이
사라진다.

제품 참고 선반 정리대 | Amazon – shelf rack for cabinet

◆ 싱크대 상부장 2

식기의 무게로 인해 싱크대 선반이 아
래로 처지는 경우가 있었기에 양쪽 무
게 균형을 맞추기 위해 식기를 한쪽으
로 높이 쌓지 않고 균형 있게 나누었다.

자주 사용하지 않는 쿠키 커터, 파
티용 집게, 모양이 다르고 개수도 한
두 개 정도로 많지 않아 쌓아서 보관
이 힘든 식기 등 자주 사용하지 않지만 자잘해서 깔끔하게 정리 정돈하기 힘든
것들은 뚜껑이 있는 수납함에 넣어 쌓아서 보관하고 알아보기 쉽게 라벨링을 해
두었다.

◆ 싱크대 상부장 3

데일리로 사용하는 식기들끼리 모아
서 수납하고, 손이 잘 닿지 않는 제일
위 칸은 시즌용이나 파티용 작은 식기
들을 수납했다. 뚜껑은 없지만 쌓을
수 있는 형태의 수납함을 사용해 공간
을 최대로 활용했다.

◆ 싱크대 상부장 4

사용 빈도 순으로 자주 사용하는 그릇은 아래쪽에, 거의 사용하지 않는 그릇은 제일 위쪽에 수납하고, 같은 종류의 그릇끼리 쌓아서 수납한다. 종류나 크기가 다른 접시나 그릇을 쌓아서 수납하게 되면 아래쪽에 있는 그릇을 꺼낼 때마다 위쪽 그릇들을 들어내야 하기 때문에 불편하고 손목에도 무리가 갈수 있다.

◆ 싱크대 상부장 5

조리를 하면서 필요한 양념을 그때그때 꺼내 쓸 수 있도록 동선을 고려해 가스레인지 옆 상부장에는 양념류와 각종 곡류·가루류를 수납했다.

보통 비닐 봉투에 담겨 있는 가루류나 곡류는 용기에 덜어서 보관하는 것이 보기 좋게 정리하기 쉽고, 한눈에

보여 찾기도 쉽다. 라벨링을 한 후, 용기 아랫부분이나 뒷부분에 수성펜으로 유통기간을 표시해둔다.

제품 참고 수납통 | Target - Plastic Food Storage Container with Snap Lid Clear-Brightroom

　간장, 식초, 액젓 등 긴 원통형 용기에 담긴 액체류 식재료와 각종 오일 종류는 바구니를 활용한 서랍식 수납 방법보다 원형 트레이에 수납하는 것이 찾기도 쉽고, 꺼내고 다시 넣기도 쉽다.

　통일된 용기를 사용하면 훨씬 더 보기 좋은 수납이 될 수 있다. 하지만 미국에서 판매하는 제품들은 용량이 많은 경우가 대부분이라 통일된 용기에 덜어낸 후 남은 용기를 보관해야 하므로 공간을 이중으로 사용하게 되어 오  히려 공간 낭비가 되기에 기존의 용기 그대로 사용하기로 했다.

제품 참고 회전 트레이 | Amazon – Lazy Susan Turntable Organizer

 　재활용한 파스타 소스 병에는 덜어 쓰거나 소량의 봉투에 담긴 식재료의 용기로 활용했다. 여러 가지 크기와 모양의 용기를 그대로 사용하는 것도 좋지만 같은 종류의 용기에 라벨링을 해서 사용하면 통일감 있고, 훨씬 더 정돈되어 보인다.

각종 향신료 정리

한식뿐 아니라 미국식을 주식으로
먹다 보니 향신료가 점점 늘어나
게 되었다. 처음에는 수납 바구니
에 넣어 선반에 두고 사용했는데
향신료의 종류가 늘어나 수납 바
구니가 무거워졌다. 결국 수납 바
구니 자체를 내리고 올리는 것이
버거워져 서랍에 눕혀서 수납하는

방법으로 바꿨다. 서랍을 열면 모든 향신료를 한눈에 볼 수 있어 원하는 향신료
를 쉽게 찾을 수 있다. 깔끔하게 정리하려면 한 종류의 용기로 통일한 후 라벨링
을 한다.

향신료 배열 순서는 ABC 순으로 배열해서 위치가 바뀌지 않도록 한다. 가족
중 다른 누군가가 사용 후 위치를 바꾸어 놓더라도 ABC 순으로 정해 놓으면 제
자리를 찾아주기 쉽고 다음번에도 쉽게 찾을 수 있다. 제품의 유통기한은 용기
의 아래에 수성펜으로 표시해 둔다. 조리를 하며 바로바로 사용할 수 있도록 동
선을 고려해 가스레인지 바로 옆 서랍에 수납을 결정했다.

제품 참고 향신료 수납 정리대 | Amazon 구입 Spice Drawer Organizer
향신료 용기 | Amazon 구입 Spice Container

◆ 싱크대 하부 서랍장 2

스푼, 포크, 나이프 등 식사 도구를 통
틀어 플랫웨어라고 하며, 이 플랫웨어
는 서랍에 종류별로 분류해서 보관한
다. 스푼 포크 등은 세로로 수납하고,
나이프 종류는 서랍을 열고 닫을 때 아
래위로 밀리면서 칼날로 인해 서랍장
에 손상이 갈 수 있어 가로로 수납했다.

서랍의 크기에 맞는 작은 수납 트레이 또는 서랍 속 공간 디바이더를 이용해서
칸을 나누는 것도 좋지만 정해진 크기의 수납 트레이나 디바이더는 서랍 크기에 딱
맞춰서 공간 활용을 100% 다 못하는 경우도 있고, 여러 개의 수납 트레이를 구입하
는 비용도 무시할 수 없다. 그래서 lowe's (철물 전문 대형 마트)에서 가로 약 240센티,
세로 3.4센티의 얇은 목재를 잘라 칸막이를 직접 만들고, 목공용 접착제와 공예용
접착제인 E6000으로 고정시켰다. (서랍장의 표면이 코팅제로 마감이 된 경우 목공용 접착제
만으로는 단단하게 고정되지 않고, 건조된 후 쉽게 떨어질 수가 있으므로 목공용 접착제와 공예용
접착제를 나란히 사용해서 약 1분 정도 지긋이 눌러준 후 건조시키면 견고하게 접착된다.)

◆ 싱크대 하부 서랍장 3

플랫웨어 서랍장의 칸막이를 만드는
방법과 같은 방법으로 각각의 조리 도
구를 분류해서 공간을 나눈 후, 직접
칸막이를 만들어 각각 수납했다.

나는 조리 도구를 두 종류로 나누어
사용하는데, 코팅 프라이팬에 흠집이

나지 않도록 코팅 조리 기구 전용으로 실리콘 조리 도구를 사용한다. 손잡이 부분만 다른 소재인 나무나 플라스틱으로 된 경우, 물이 닿아 손잡이가 연결되는 부분에 물때가 끼거나 잘 말리지 않을 경우, 음식물 찌꺼기가 끼어 곰팡이가 피는 경우가 있기 때문에 손잡이 일체형을 주로 사용하고, 소량의 음식이나, 사진 작업 등에는 우드 손잡이의 조리 도구를 사용한다.

국자는 높이 때문에 바로 눕혀 놓으면 서랍이 닫히지가 않아서 뒤로 뒤집어 수납했다.

◆ 싱크대 하부 서랍장 4

높이가 있는 서랍장으로 핸드 블렌더, 소형 믹서기와 같은 소형 가전들을 수납한다.

10년 전에 구입해 향신료를 수납했던 바구니를 활용해 각각의 자리를 만들어 주었다.

소형 가전의 코드 정리는 전선 정리용 벨크로를 사용해서 깔끔하게 묶어 주었다.

제품 참고 코드 정리 벨크로 | Amazon - self gripping cable ties by Wrap it storage

◆ 싱크대 하부 서랍장 5

계량컵, 계량 스푼, 계량 저울, 쿠키 커터 등 자주 사용하는 베이킹 도구들만 수납한다. 과자 포장재를 수납 트레이로 재활용해서 사용하고 있다.

◆ 싱크대 하부 서랍장 6

미국 가정에는 조리용 칼 외에도 덩어리째 요리한 후 식사를 하면서 잘라먹는 스테이크 같은 메뉴 때문에 식사용 나이프까지 수납해야 하므로 칼 전용 보관함에 보관한다. 남는 공간은 피자 커터와 파이 서버를 수납했다.

제품참고 칼 정리대 | Amazon - in drawer knife block

방법 1. DIY 수납함 만들기

종이 호일 상자에 슬라이드 커터가 부착되  어 있어 필요한 양만큼 잘라서 사용하기가 편해서 여러 개를 모아 랩, 호일을 각각 넣 어 재사용하기로 했다. 이렇게 하면 패키지 가 통일되어 정돈되고 깔끔해 보이는 효과 도 있다. 더욱더 단정한 수납을 위해 패키지 를 해체 후 재조립해 사용했다.

1 종이 호일이 가장 길이가 길기 때문에 종이 호일 포장재로 수납함을 통일시키기 위해 세 개를 모은다.

2 포장재를 조심스레 해체한 후, 속지가 밖으로 나오고, 겉면이 속으로 들어가도록 재조립 한 후 테이프로 꼼꼼히 붙인다.

3 라벨링 스티커를 이용해서 각각의 수납함에 라벨링을 한다.

방법 2. 전용 수납 용기 이용

기존의 호일 상자를 재활용한 수납법은 시  간이 지날수록 견고함이 사라지고, 때가 타 는 단점이 있어 오랫동안 유지할 수 있는 슬 라이드 커터가 부착된 전용 수납 용기를 구 입해 수납했다. 사용할 때마다 통째로 꺼낼 필요 없이 필요한 양만큼만 잡아당긴 후 슬 라이드 커터로 잘라주기만 하면 되어서 간 편하고 깨끗하게 자를 수 있는 장점이 있다.

제품 참고 | 랩, 호일 정리함 | Amazon - 3 in 1 foil and plastic wrap organizer with cutter

캐비닛 하부장 이렇게 정리해요

◆ 캐비닛 하부장 1

보통 냄비나 프라이팬은 쌓아서 수납
한다. 쌓는 방식의 수납법은 아래에
수납된 냄비를 꺼낼 때 위에 올려진 냄
비들을 들어 올리거나 꺼내야 하고, 꺼
낼 때마다 쪼그려 앉아서 어두운 싱크
대 안을 들여다보며 찾아야 하는 점이
무척 불편하다. 그래서 냄비와 프라이
팬을 수납하는 선반을 서랍형 선반으
로 개조했다.

프라이팬은 정리대를 이용해 세로
의 책꽂이 방식으로 수납해서 손쉽게
꺼내 쓸 수 있다.

제품 참고 프라이팬 정리대 | Amazon - Adjustable
Bakeware Organizer

위쪽 선반은 아직 키가 작아 물컵이
나 접시를 꺼내기 힘든 아이들을 위해
깨지지 않는 어린이용 식판과 물컵을

수납하고, 아이들 스스로 컵이나 접시가 필요할 때 꺼낼 수 있도록 했다. 물컵 수납은 트레이를 서랍처럼 활용해서 안쪽에 있는 컵도 손쉽게 꺼낼 수 있게 했다.

◆ 캐비닛 하부장 2

거의 매일 아침 사용하는 토스트기는 서랍형 선반 앞쪽에 배치하고, 자주 사용하지 않는 조리도구를 뒤에 배치했다.

무겁고, 모양이 각기 다른 베이킹 디쉬 역시 책꽂이 방식으로 세워서 정리용 랙에 수납함으로서 한눈에 볼 수 있고, 다른 용기의 간섭 없이 손쉽게 꺼내 쓸 수 있다.

베이킹 디쉬 정리 랙은 수납하는 조리도구의 사이즈에 따라 랙의 너비를 조절해서 끼울 수 있는 방식이라 높이가 다른 용기를 수납하기 좋다.

제품 참고 ┃ 베이킹 디쉬 정리 랙 ┃ Amazon - Adjustable Bakeware Organizer

서랍형 선반으로 개조해서 포개어 수납한 냄비도 힘들이지 않고 꺼내 쓸 수 있다.

냄비 세트는 뚜껑과 냄비를 따로 수납하면 냄비를 포개서 수납할 수 있어 같은 공간이라도 훨씬 더 많은 냄비를 수납할 수 있다. 뚜껑은 전용 홀더를 부착해서 싱크대 옆면이나 문짝에 수납한다.

T.I.P | 냄비 뚜껑 홀더 부착하기 ────────────────────────

부착한 후 접착테이프가 안정적으로 고정될 때까지 최소 12시간은 기다린 후에 뚜껑을 건다. 작은 뚜껑은 홀더 하나로 고정되지만 큰 사이즈의 뚜껑은 앞으로 쏠리기 때문에 냄비 뚜껑의 아래와 옆 부분을 잡아 줄 수 있도록 ㄴ 자의 형태로 두 개를 사용해야 한다.

제품 참고 냄비 뚜껑 홀더 | Amazon - Joseph Joseph Cabinet door Pan Lid Organizer

---

◆ **캐비닛 하부장 3**

사용 빈도가 적거나 부피가 크고 자리를 많이 차지하는 파티용 접시, 케이크 스탠드 등을 한곳에 모아서 수납했다. 옷 수납에 사용되었던 수납함을 활용해 부피가 큰 케이크 스탠드, 샐러드볼 등을 수납하고, 서랍형 방식으로 잡아당기면 한눈에 수납함을 들여다볼 수 있고, 필요한 물건을 손쉽게 찾아 쓸 수 있다.

쌀과 잡곡은 벌레가 생기지 않도록 플라스틱 보관함에 보관하고, 라벨링을 해서 한눈에 보기 쉽게 했다. 좁은 자투리 공간에 쌀을 수납했기 때문에 세워서 보관할 경우, 뒤에 수납한 용기는 보이지 않으므로 눕혀서 쌓는 방식으로 수납하고 뚜껑에 라벨링을 해서 한눈에 보기 쉽게 했다.

◆ 캐비닛 하부장 4

재활용하기 위해 모아둔 소스병은 선반 뒤쪽으로 밀어두고, 수납함에 물건을 종류별로 분류해 수납하고 서랍처럼 사용한다. 오븐 바로 옆의 캐비닛 하부장이기 때문에 오븐 장갑을 캐비닛 문에 걸어두어 필요할 때 손쉽게 사용할 수 있다.

제품 참고 수납함 | Ikea - VARIERA

아일랜드 하부장 이렇게 정리해요

◆ 아일랜드 하부장 1

용도에 따른 도마와 우드 트레이는 정리 랙을 사용해서 세로로 수납하여 손쉽게 꺼내 쓸 수 있다.

믹싱볼과 채반은 부피가 크지만 가벼워서 쌓는 수납법이 부담은 없다. 하지만 싱크대 하부장에 수납할 경우 쪼그려 앉아 싱크대 안을 들여다보며 찾는 것이 불편하므로 손잡이가 있는 패브릭 수납함에 수납한 후 서랍식으로 꺼내 쓸 수 있도록 했다. 패브릭 수납함은 작은 공간이나 높이가 낮은 공간에도 유연하게 넣어 사용할 수 있는 장점이 있다.

◆ 아일랜드 하부장 2

선반의 공간을 최대한 활용하기 위해 정리 랙을 사용해서 공간을 분리하고 정리

랙 위에는 아이들의 도시락통, 아래에는 도시락 용기와 관련 용품을 수납했다.
우유팩을 재활용해 정리 정돈 공간을 분리했다.

텀블러나 물병을 선반에 그냥 세워서 수납하면 뒤에 세워진 것들은 한눈에 보

이지 않고, 찾아 쓰기 위해서 앞쪽의 물
병을 이동시켜야 하는 번거로움이 있
다. 그래서 서랍형 수납법으로 손잡이
가 달린 패브릭에 수납해 한눈에 모든
물병을 볼 수 있고 꺼내기 쉽도록 했다.
우유팩으로 각각의 공간을 만들어 물
병이 쓰러지는 것을 방지했다.

T.I.P | 텀블러와 물병 상부장 수납 ──────────────────────

텀블러나 물병을 싱크대 상부장에 수납할 경우는 내려다보면서 찾을 수 없기 때문에 서랍식
수납법보다 우유팩을 눕혀서 쌓는 방식으로 각각의 공간을 만든 후, 물병을 눕혀서 수납하
면 한눈에 모두 볼 수 있어 찾아 쓰기 쉽다.

개수대 아래에 있는 하부장으로 오른쪽에는 식기 세척기가 있어서 동선을 고려해 주방 세제나 주방 청소 도구 위주로 수납했다.

거의 매일 사용하는 식기 세척기 전용 세제, 청소용 스프레이 등은 꺼내 쓰기 쉽도록 회전 트레이 위에 수납했다.

재활용한 파스타 용기에 베이킹 소다, 구연산 등을 보관하고, 자잘한 용품들도 용기에 담아 각각의 집을 정해 주어 수납 모양이 흐트러지거나 수납 공간이 섞이는 일 없이 항상 정리된 상태로 유지할 수 있다. 용기의 뚜껑에 라벨링을 해서 위에서 내려다볼 때 한눈에 알아보기 쉽다.

이 빠진 오래된 욕실의 칫솔 꽂이를
물병 세척 브러시 꽂이로 재활용했다.

클로락스 물티슈 용기의 포장지를 떼어내고 재활용해서 쓰레기봉투와 매직
이레이저 용기로 사용하고 있다.

참고 glad 브랜드의 13갤런 사이즈의 쓰레기봉투가 용기 사이즈에 딱 맞게
들어가지만 hefty사의 쓰레기봉투는 길이가 맞지 않으므로 주의한다.

일회용 장갑, 조리용 장갑은 싱크대 벽면에 후크를 부착
하고, 상자에 구멍을 뚫어 걸어 주는 방식으로 수납했다.

　키친 타올은 싱크대 문 안쪽에 키친 타올 홀더를 부착한 후 수납했다. 반대쪽 싱크대 문 안쪽에도 키친 타올 홀더를 부착하고 고무장갑, 수세미 등을 걸어서 수납한다.

제품 참고 수세미 | Amazon - scrub daddy.

스크럽 대디 수세미 장점: 차가운 물에 적시면 표면이 딱딱하고 거칠거칠해 눌러 붙은 음식물을 씻어내기 쉽고, 뜨거운 물에 적시면 표면이 부드러워져 세제에 거품을 내 일반 설거지를 할 수 있다. 식기 세척기에 넣어서 세척 살균이 가능하고, 소재의 특성상 건조도 금방 되어 다른 수세미보다 세균 번식 위험이 적다. 수세미는 가로로 반으로 잘라서 쓰면 더 오래 사용할 수 있다.

　고무장갑은 사용후에 개수대에서 물기를 가볍게 털어준 후, 랙에 걸고, 문닫힘 방지 패드로 고정해서 공기가 통하도록 몇 시간 열어 놓으면 항상 건조하게 유지할 수 있다.

제품 참고 문닫힘 방지 패드 (사진 참고 163p) | Amazon - wittle finger pinch guard

다른 부분은 멀쩡한데 한두 개 구멍 때문에 버리기 아까운 고무장갑은 간단한 방법으로 보수해서 오래도록 더 사용할 수 있다.

1 고무장갑을 뒤집어 구멍 난 부위를 확인하고, 표시한다.

2 고무장갑의 팔목 끝부분을 아주 조금만 오려 낸다.

3 강력 접착제를 살짝 바른 후 오려낸 부분을 덧대어 주고, 그 위에 랩을 올려놓고 꾹 눌러 접착이 단단하게 되도록 한다. (랩을 사용하지 않으면 새어 나온 접착제로 인해 손과 고무장갑이 붙어 버릴 위험이 있다.)

그릇에 눌어붙은 계란찜, 치즈, 밀가루, 젤리 등 수세미를 사용해서 제거하면, 수세미 사이사이에 껴서 수세미를 세척하는 일이 더 번거로운 경우가 있다. 그럴 때 수세미 대신 페트병 뚜껑으로 긁어주면 손쉽게 제거할 수 있다.

식기 세척기 앞에 clean, dirty 사인을 부착해 식기 세척기를 돌릴 때 clean으로 표시해 두고, 세척이 끝난 식기를 정리하고 난 후에는 dirty로 표시해 두면 가족들도 쉽게 알아볼 수 있고, 식기를 꺼내 쓸 때마다 물어보는 일이 없다.

만드는 방법 : 광고나 홍보를 위해 무료로 집 대문에 붙여져 있는 자석 스티커에 검정색 스프레이 페인트를 칠한 후, 라벨링 스티커로 Dirty와 Clean을 붙인다.

냉장고 이렇게 정리해요

◆ **냉장실 수납**

수납 방식은 서랍식 수납으로 냉장고 앞쪽뿐 아니라 뒤쪽에 있는 음식물도 간섭 없이 꺼내기 쉽다. 또한 음식물을 찾을 때 서랍처럼 잡아당기면 서랍 속의 용기가 한눈에 들어오기 때문에 보이지 않아서 잊어버리거나 상해서 버리는 음식물이 없도록 해준다.

식단 짜는 방법에 맞춰 수납함을 분류한 후 라벨링을 했다.

된장, 고추장 등 양념류는 사각 용기에 들어 있어 쌓는 방식으로 수납해야 하고 무게감 때문에 아래쪽에 있는 양념을 꺼낼 때마다 위쪽의 양념 용기

를 들어내야 하는 불편함이 있다. 그래서 안이 보이는 투명 유리 용기에 옮겨 담고, 회전 트레이 위에 수납해서 필요한 양념을 쉽게 찾아 쓸 수 있고, 뒤쪽에 있는 양념류도 회전판을 돌려 손쉽게 꺼낼 수 있게 했다.

제품 참고 원형 투명 용기 | Target - Glass stackable Jar with plastic lid

위쪽 misc: 항상 주기적으로 구입해 먹는 것이 아닌, 어쩌다 한 번씩 구입해 먹고 남은 것들, 시간을 두고 먹는 것들을 수납한다. 예) 또띠아칩 디핑 소스, 피클류, 장아찌류.

Left over: 그날 먹고 남은 음식이나 요리를 하고 남은 식재료를 수납한다. 이 칸에 수납된 음식은 이틀을 넘기지 않도록 다음날 반드시 소진하고 식재료 역시 우선 순위로 사용한다.

Meal kit: 주문한 밀키트나 한국 마트에 가면 구입하게 되는 반조리 식품류 등을 수납한다.

Chicken: 닭고기를 수납한다.

Meat: 소고기, 돼지고기, 소세지, 베이컨 등 육류를 수납한다.

아래쪽 misc: 생선, 해물류나 분류가 애매한 것들을 수납한다.

Veggies: 채소류를 수납하고, 동그란 형태 때문에 굴러다닐 수 있는 채소끼리 모아서 수납 용기에 따로 넣는다. 일주일치 식단에 필요한 양만큼만 구입하고 일주일 안에 다 소진하기 때문에 따로 재료 손질이나 소분에 시간과 에너지를 소비할 필요 없이 장 봐온 상태 그대로 보관한다.

Fruits: 채소를 좋아하지 않는 아이들에게 채소를 강요하기보다 좋아하는 과일로 비타민, 무기질을 섭취할 수 있도록 일주일에 4~5가지 과일을 준비하고 낱개 구매가 가능한 과일은 3개 정도로 일주일 안에 먹을 수 있는 소량만 구입한다. 낱개 구입 과일은 굴러다니지 않도록 수납 용기에 넣고, 팩 단위로 파는 것들은 그 상태 그대로 수납한다.

Snacks and dairy: 냉장실 제일 아래는 키가 작은 아이들이 스스로 손쉽게 꺼내 먹을 수 있는 아이들 스낵류와 유제품을 수납한다.

치즈류는 포장 비닐채로 보관하면 정돈된 상태로 유지가 잘되지 않으므로 수납 용기에 옮겨서 보관한다.

여분의 우유와 생크림 역시 이 공간에 보관하고, 냉장고 문 쪽의 수납 공간에 있는 우유를 다 소진하면 여유분의 우유를 이곳에서 꺼낸 후 옮겨 놓고, 다음 장을 봐서 채워 넣는다.

제품 참고 냉장고 정리 수납함 | Amazon - Refrigerator Organizer Clear Plastic Bins

✦ 냉동실 수납

보관 용기

음식물 보관 용기는 다양한 크기보다 용기를 한 종류로 통일시키는 것이 정리하기도 쉽고, 시각적으로도 정돈되어 보인다. 내용물이 많은 경우, 큰 용기를 사용하는 것보다 양에 따라 두세 개의 용기에 나눠 담는다. 큰 용기는 공간을 많이 차지할뿐더러 먹을 때마다 냉장고와 실온을 드나들게 되고, 공기의 노출이 잦아져

세균 번식이 빨라질 수 있다. 차라리 작은 용기에 나눠 담고, 다 먹은 음식물의 용기는 치워 버리면 그만큼의 공간이 더 빨리 생길 뿐만 아니라, 두 번째, 세 번째 용기에 담긴 음식물은 먹을 때까지 더 신선하게 유지하고 보관할 수 있다. 다 사용한 용기를 보관할 경우도 크기가 같기 때문에 겹쳐서 수납할 수 있어 공간을 효율적으로 사용할 수 있다.

용기 라벨링

대부분의 음식은 남기지 않고, 일주일 만에 소진하므로 냉동실 보관이 필요치 않지만 한국에서 받은 귀한 고춧가루, 미숫가루 등 늘 떨어지지 않도록 구비해두는

냉동식품들은 플라스틱 용기에 라벨링을 해서 수납했다. 항상 구비해두는 음식을 용기에 라벨링해두면 음식을 다 소진했을 때 용기를 보고 채워 넣어야 할 음식을 쉽게 알아차릴 수 있다. 또한 다른 가족들도 필요한 음식을 쉽게 스스로 찾을 수 있다.

항상 구비해두는 음식은 아니지만 소량을 구입할 수 없어 한꺼번에 많은 양을 구입해 냉동이 필요한 경우는 라벨링을 하지 않은 플라스틱 용기에 수납하고, 드라이 이레이즈 마커(수성펜)로 내용물을 표시한다. 드라이 이레이즈 마커는 손이 닿으면 쉽게 지워지므로 음식물을 찾을 때 용기에 손이 잘 닿지 않는 부분(나의 경우, 뚜껑에 표시)에 표시한다.

우리 집 냉동실은 2단 서랍형으로 나뉘어져 있고, 각각의 서랍은 좌, 우로 공간이 분리되어 있다. 각 가정마다 사용하는 냉장고가 다르기 때문에 각 가정의 상황에 맞게 참고하여 정리해 보자.

왼쪽 상단 서랍장

떨어지지 않도록 구비해두고 먹는 음식들을 수납하고, 용기에 반영구적인 스티커 라벨링을 해두어서 다 소진하면 그 용기에 다시 채워 넣는 것을 잊는 일이 없도록 했다. 양이 많을 경우, 두세 개의 용기에 나눠 담고, 제일 앞칸에 있는 것부터 순서대로 소진한다.

오른쪽 상단 서랍

일시적인 냉동 보관이 필요한 음식물 (양이 많아 소분해야 하는 고기, 갈변이 시작된 바나나(스무디 재료로 사용), 간식으로 사온 냉동식품 등)을 수납하고, 손에 닿아 지워지지 않도록 뚜껑에 내용물을 표시한다. 이곳에 수납된 음식물들은 식단을 짜기 전 제일 먼저 확인해서 식단 리스트에 넣고, 2주 안에 소진하도록 한다.

냉동실은 음식물 저장 창고가 아니다. 냉동이 식품 저장 방법 중 가장 안전한 방법이라고 해도 냉동된 상태에서도 음식물의 수분은 조금씩 줄어들고, 심지어 냉동 화상freezer burn을 입어, 그 맛을 잃어간다. 그러므로 계속 들여다보고, 부지런히 찾아서 먹어야 한다. 일주일 식단 미리 짜기 습관을 들이면 냉동실의 음식 회전율도 자연스레 높아지므로 냉장고 정리 정돈에 미리 식단 짜기가 중요한 이유이다.

제품 참고 | **냉동실 보관 용기** | Amazon - BPA free Plastic Food Containers with Lids (리뉴얼 전의 제품은 꽤 견고해서 4년째 잘 사용하고 있지만 리뉴얼 한 후 구입한 제품은 품질이 하향된 듯해서 추천하지는 않는다.)

왼쪽 하단

개봉하지 않은 냉동식품과 김치를 한 두 번 먹고 소진할 수 있는 양으로 소분해서 수납했다.

김치를 냉동실에 보관하는 이유

냉장고 수납 중 가장 고민이 많았던 것이 김치였다. 삼시 세끼 한식을 먹는 다른 가정처럼 김치를 포기로 담아 저장해 두고 먹지 않아서 김치 전용 냉장고가 필요치 않고, 한국 마트에서 김치 한 팩을 사면 한두 달을 두고 먹는 정도라 냉장실에 수납하기가 부담스러웠다. 보통 냉장고 냄새의 원인은 김치인데다가 가끔씩 케이크 작업을 해서 냉장 보관을 해야 할 때면 케이크에 음식물 냄새가 베이는 것이 염려가 되었다. 그래서 김치를 냉동실에 소분해서 보관하고 한식을 먹을 때 꺼내 먹는 방법을 택했다. 그런데 보관 용기가 문제였다. 김치 때문에 추가 용기를 구입하는 것은 추가적인 수납 공간을 필요로 하고, 이미 가지고 있는 플라스틱 용기 수납은 김치 양념이 물드는 것 때문에 사용하기 꺼려졌다. 환경 오염 때문에 한번 쓰고 버리는 지퍼락이나 비닐팩은 사용하고 싶지 않았기 때문에 생각해 낸 것이 슈레드 치즈 종류가 담겨 있던 지퍼락 포장지를 재사용하는 것이었다. 두께감도 있고, 밀봉도 잘 되어 김치 냄새가 스며 나오지 않고, 김치 양념물이 베어들 걱정도 없고, 그냥 버려질 수 있는 것을 재사용해서 추가적인 비닐 제품 사용을 하지 않아도 되니 죄책감도 덜했다. 무엇보다 크기도 한두 번 먹고 치워 버릴 수 있도록 소분하기 좋아 대만족이다.

오른쪽 하단

갓 지어서 1인분씩 소분한 밥을 식힌 후 수납했고, 아이들 간식과 냉동 스낵을 수납했다. 밥은 한번 할 때 많이 해서 냉동해두고, 먹기 전에 전자렌지에 데우면 갓 지은 밥과 다름없다. 끼니 때마다 밥을 할 필요도 없고, 밥통이 싱크대 위에 나와 있을 필요도 없다.

T.I.P | 손쉬운 냉장고 청소 ──────────────────────

수납함에 음식물을 수납하면 음식물이 냉장고 바닥으로 흘러내리는 것을 1차로 방지해 주고 냉장고 선반 바닥에 라이너를 깔아 두면 오염되었을 경우, 라이너만 빼서 닦아내면 되기 때문에 냉장고 문을 열어 두고 청소를 할 필요 없이 손쉽게 청소할 수 있다.

팬트리 이렇게 정리해요

팬트리는 가지각색의 용기와 다양한 포장재에 담긴 식료품들을 저장하는 공간이기 때문에 아무리 정리 정돈을 잘해도 복잡해보이고, 산만해보이기 쉽다. 그래서 높이가 높은 통일된 수납 바구니로 공간 사용을 극대화하면서도 내용물이 보이지 않는 수납 방법을 선택했다.

안의 내용물이 보이지 않기 때문에 식품을 종류별로 분류한 뒤 라벨링을 해서 내용물을 한눈에 알아볼 수 있고, 찾기 쉽도록 했다. 통일된 수납 바구니와 라벨링은 깔끔하고 보기 좋아 팬트리 문을 열 때마다 기분이 좋아진다.

수납함의 배치는 사용 빈도와 주 사용자의 동선을 고려하여 제일 위 칸은 아이들이 주의해야 할 의약품과 영양제, 두 번째와 세 번째 칸은 요리 식재료, 네 번째 칸은 아이들도 스스로 손쉽게 꺼낼 수 있도록 간식, 시리얼, 빵류, 다섯 번째 칸은 분류가 애매한 식료품을 수납하거나, 여분의 공간을 확보해 두었다.

그리고 제일 마지막 칸은 소형 가전 기기를 수납해서 싱크대 위에 나와 있는 물품이 없도록 했다. 사용 빈도가 높은 소형 가전은 팬트리 최하단에 수납하여 싱크대 위를 항상 깨끗하게 단정하게 유지하고 필요할 때만 사용한다. 밥을 소분해서 냉동실에 넣어두고 먹으면 밥솥은 3~4일에 한 번 정도로 사용하기 때문에 싱크대 위에 올려 둘 필요가 없다.

제빵기, 밥솥, 에어 프라이어 등 소형 가전이기는 하지만 꽤 무거워서 꺼낼 때마다 불편하고 힘이 들어 손쉽게 꺼낼 수 있는 방법을 궁리하다가 손잡이가 있는 패브릭 수납함에 넣고 서랍처럼 잡아당겨서 꺼내니 훨씬 편해졌다.

바퀴가 달린 화분 스탠드를 활용해도 좋겠다고 생각했지만 바퀴 때문에 높이가 높아져 수납이 되지 않았기에 높이에 영향을 주지 않고, 모양 변형이 쉬워 밥통 같은 것도 수납할 수 있는 패브릭 수납함을 선택했다. (높이에 구애받지 않는 보관 장소라면 바퀴형 화분 스탠드를 받침대로 사용해서 수납할 수 있다.) 사실 밥통은 수납함보다 부피가 커서 수납함에 들어가지 않았기에 앞에서 보이지 않도록 뒷부분을 터주었다. 때로는 단정한 수납을 위해서 이런 눈속임이 필요할 때도 있다.

소형 가전 제품의 코드는 본체에 부착해서 정리할 수 있는 코드 정리 타이를 이용해 깔끔하게 정리했다.

제품 참고 **정리 수납함** | Target – Y Weave 11" Cube Decorative Storage Basket
코드 정리 타이 | Amazon – Command Cord Bundlers

◆ 팬트리 최상단

칸막이가 있는 회전 트레이에 상비약과 체온계, 산소 측정기 등 간단한 의료용품을 품목별로 나눠서 수납했다. 아이들이 아직 어리기 때문에 열이 나거나 가벼운 감기에 걸릴 때가 많고 가벼운 찰과상 등으로 의료용 밴드 사용이 빈번하다. 그래서 상비약을 손쉽게 찾을 수 있지만 아이들의 손은 닿지 않는 팬트리 상단에 수납했고, 회전 수납 트레이라 수납함을 꺼낼 필요 없이 트레이를 돌려서 필요한 용품을 손쉽게 꺼낼 수 있다.

영양제나 식품 보조제는 매일 섭취해야 하는 특성상 꺼내기 쉽도록 회전 트레이 위에 수납했다.

T.I.P | 트레이 이렇게 선택해요 ―――――――――――――――――

원통형 용기를 최대로 수납할 때는 회전 트레이를 선택하고, 자잘한 품목들을 종류별로 나누어서 수납해야 할 때는 칸막이가 있는 원형 트레이를 선택한다. (예: 상비약, 네일용품, 아이들 학용품, 문구류, 사무용품, 메이크업 용품 등.)

감자와 양파는 함께 보관할 경우 더 빨리 상하게 되므로 반드시 따로 보관하고, 코팅되지 않은 종이백에 넣어 보관하면 신선하게 보관할 수 있다. 감자와 양파 수납함을 양쪽 끝으로 배치해서 멀리 떨어지도록 해서 보관해야 한다.

개봉한 파스타나 시리얼을 종이 포장 그대로 보관할 경우, 양 옆면이 안쪽으로 들어가도록 접어주고, 한쪽 윗면은 잘라내거나 안으로 접어 넣고, 다른 한쪽 윗면은 잘라내거나 접어 넣은 쪽으로 끼워 넣으면 뒤집어도 쏟아지지 않을 정도로 단단히 고정되므로 다른 용기에 옮겨 담지 않고도 잘 보관할 수 있다.

　　개봉한 식빵은 포장지를 돌려 말은 후 그대로 뒤집어서 씌워주면 묶거나, 잘라주지 않아도 깔끔하게 보관할 수 있다. 빵의 포장 비닐은 음식물 쓰레기를 담아 버릴 때 재사용함으로서 추가적인 비닐 사용을 줄이고 있다.(미국은 음식물 쓰레기를 한국처럼 따로 분리 배출하지 않고, 일반 쓰레기로 배출한다.)

참고 라벨 분류

Grains: 곡류, 잡곡류, 콩 등 보관

Seaweed: 미역, 다시마, 김밥용 김, 조미김 등 보관

Dried food: 건나물, 건황태채, 건버섯 등 건조 식품 보관

Condiments: 케찹, 드레싱, 파스타 소스등 보관 (여분을 미리 사두지는 않지만 냉장고에 보관된 것들이 거의 다 떨어져 갈 때쯤 사두고 보관.)

Canned food: 통조림류 보관

Ramen: 각종 라면 보관

Pasta: 파스타 누들, 국수, 당면 등 면류 보관

Curry: 카레, 짜장, 그레이비 믹스 등 보관

Baking: 베이킹 재료 보관

Snack: 아이들 과자류

Cereal: 아침 식사로 먹는 시리얼류

Bread: 식빵, 햄버거 번, 핫도그 번 등, 빵 종류 보관

Potatoes: 감자, 고구마류 보관

Misc: 여분의 수납 공간으로 임시로 보관할 식료품이
나 분류가 애매한 식품류 보관
Onions: 양파, 마늘 보관

제품 참고 **초크보드 라벨** | Amazon – double sided
blackboard with hanging string

Part 5

욕실 BATHROOM

다른 공간에 비해 협소하고, 용도가 정해져 있는 공간
이라 인테리어에 한계가 느껴지는 욕실. 하지만 그만
큼 작은 변화로 큰 감동을 줄 수 있는 것 또한 욕실의
매력이 아닐까. 벽에 그림을 걸고, 식물이나 꽃을 두어
생기를 더하고, 향초나 방향제로 공간에 향을 입히는
것만으로도 충분하다.

욕실, 가장 프라이버시한 공간

요즘 넷플릭스에서 즐겨보는 미국 리얼리티쇼가 있다. 〈셀링 선셋Selling Sunset〉이라는 LA 부촌의 고급 주택을 중개하는 미녀 공인중개사들의 일상을 곁들인 부동산 매매 리얼리티쇼이다. 할리우드의 셀러브리티들의 집을 들여다보고 얼마에 거래되는지 엿볼 수 있는데, 그 프로그램을 보면서 한 가지 놀란 것이 있다. 대부분의 집들이 방의 개수만큼 욕실이 있거나, 그보다 한두 개 더 많은 욕실이 있는 것이다. 방이 다섯 개인데 욕실이 다섯 개이거나 그보다 많은 여섯 개라니! 집 안에 이렇게 많은 욕실이 필요한 건가? 하는 의문이 든다. 하지만 막상 미국에서 살아보니, 일반 주택도 최소 욕실이 두 개 이상이거나 보통 2층집이라면 기본 세 개이다. 내가 살아 본 집을 예로 들자면 모든 침실이 1층에 있었던 사우스 캐롤라이나의 경우, 마스터 베드룸master bedroom(안방) 안에 딸린 욕실과 아이들과 손님이 사용할 수 있는 욕실로 총 두 개가 있었지만, 2층집이었던 모제스 레이크의 집과 현재 살고 있는 집은 1층에 손님이 간단하게 볼일을 보고 손을 씻을 수 있는 세면대가 있는 파우더룸 한 개, 그리고 침실이 모여 있는 2층에 두 개로 총 세 개의 욕실이 있다.

이것은 가장 개인적인 공간을 타인과 공유하고 싶어하지 않고, 반대로 내 집에 잠시이지만 머무르는 손님에게도 그들만의 개인 공간을 마련해 주고자 하는, 프라이버시를 가장 중요시하는 미국인들의 사고방식이 반영된 것이 아닌가 싶다. 특히나 셀러브리티라면 집에서 파티도 많이 할 것이고, 손님 초대도 많을테니 그 손님들을 수용할 수 있는 화장실이 필요할 것이고, 그렇다면 집안에 대여섯 개의 욕실이 납득할 만하다.

그래서인지 미국인들은 집안의 인테리어 못지 않게 욕실의 인테리어도 무척이나 중요하게 생각한다. 파티가 많은 셀러브리티가 아니더라도 일반인들 역시 집안의 인테리어에 공들이는 만큼 욕실 인테리어에도 공을 들인다. 욕실 벽에도 그림을 걸고, 식물이나 꽃을 두어 생기를 더하고, 향초나 방향제로 공간에 향을 입힌다. 욕실 문을 열면 습하고 눅눅한 기운은 전혀 느낄 수 없고, 환하고 보송보송한 또 다른 용도의 방 같은 느낌으로 욕실에서마저 환대 받는 느낌이 든다. 아마도 이것이 한국의 욕실과 미국의 욕실의 큰 차이점이 아닐까 싶다.

◆ 찝찝하고 눅눅한 욕실이 골치라면

미국은 건식 욕실이다. 욕조 안이나 샤워 부스를 제외하고는 바닥에 물을 쓰지 않는다. 욕조에서 물이 튀지 않도록 반드시 샤워 커튼을 사용한다. 미국에 이민 와서 건식 욕조를 접했을 때 변기 주변과 바닥에 물 청소를 할 수 없어서 늘 찝찝했다. 하지만 건식 욕실을 사용하다 보니 오히려 건조하게 유지되기 때문에 물때나 곰팡이의 염려가 없어 물청소가 불필요했고, 청소도 훨씬 간편하고 수월했다. 밀대로 바닥의 먼지를 제거하고, 변기 외부와 그 주변은 물에 희석한 락스를 뿌려서 닦아주거나, 살균 세정 티슈로 닦아주면 소독과 냄새, 얼룩 제거를 할 수 있다. 욕실에서 슬리퍼를 신고 벗지 않아도 되고, 물기에 미끄러질 위험도 없고, 늘 산뜻하고 쾌적하게 유지할 수 있다.

창문이 없고 습식 욕실로 이미 디자인된 대부분의 한국 욕실을 리모델링 없이 건식으로 사용할 수 없을 거라 생각하지만, 습식에 강한 자재로 지어진 한국의 욕실을 건식으로 사용한다면 오히려 미국보다 습기나 곰팡이에서 더 자유로울 수 있다. 미국은 대부분 목조 주택이고 창문이 있는 욕실도 있지만 방과 방 사이에 위치한 욕실에는 창문이 없기 때문에 습기에 더 취약할 수 있다. 하지만 환풍기가 설치되어 있고, 건식으로 사용하기 때문에 곰팡이 없는 건조한 욕실을 유지할 수가 있는 것이다. 실제로 한국에 사는 지인이 건식으로 욕실을 사용했었다. 샤워 부스 안에서만 물을 쓰고, 세면대 아래에는 러그를 깔아 두었다. 샤워나 목욕 후 공간에 환풍기를 틀어 환기만 잘해 준다면 오히려 곰팡이나 물때 걱정 없는 쾌적한 욕실로 만들어 사용할 수 있다. 그렇기 때문에 욕실 공간에 인테리어적 요소를 더해서 시각적으로도 아름다운 공간으로 꾸밀 수 있는 것이다.

욕실은 다른 공간에 비해 협소하고, 용도가 정해져 있는 공간이라 인테리어적 요소를 가미하는데 한계가 있지만 샤워 커튼과 바닥의 러그로 공간에 분위기를 더하고, 세면대 위에 소품을 올려 두는 것만으로도 멋을 낼 수 있다. 좁은 욕실 공간에 큰 면적을 차지하는 샤워 커튼이 자칫 인테리어를 방해하는 요소가 될 수 있지만 미국인들은 방수 기능이 있는 샤워 커튼 라이너를 안쪽에 걸고, 인테리어 커튼을 욕조 밖으로 걸어서 기능성뿐만 아니라 인테리어적인 요소도 놓치지 않는다.

건식으로 디자인된 미국의 욕실을 습식으로 사용할 수는 없지만 한국의 욕실은 건식으로도 사용해 볼 수 있으니 어떤 형태의 욕실이 나와 우리 가족에게 좀 더 편하고 효율적인지 경험해 본 뒤, 한 가지 방식을 결정해 유지해나가는 것도 좋을 것 같다.

파우더룸

◆ 400불 셀프 리모델링 프로젝트

파우더룸은 거실과 키친이 있는 주 생활 공간인 1층에 있는 화장실로, 샤워 시설
은 없고 변기와 손을 씻는 세면대만 있는 공간이다. 가족과 집에 방문한 손님이 사
용하기 때문에 청결해 보일 수 있도록 특별히 더 신경 쓰는 공간이기도 하다. 손
닿기 쉬운 곳에 화장실 청소 도구와 여분의 휴지를 수납하고 싶었지만 수납 공간
이 없었기에 세면대 일체형 캐비닛을 설치하면서 셀프 업그레이드에 도전했다.

◆ 스타일링 색상

구입하고자 하는 세면대 일체형 캐비닛의 색상이 그레이 컬러였다. 그래서 그레이 컬러와 조화롭게 어울릴 수 있는 색상으로 화이트 컬러를 골랐고, 악센트가 될 컬러는 블랙으로 정했다. (집 꾸미기 법칙 - 3색법)

◆ 셀프 리모델링

Before

1 기존의 세면대와 거울을 떼어내고 벤자민 무어의 simply white (OC-117) 컬러로 전체 벽을 페인트칠 했다. 페인트는 제조사의 브랜드 페인트를 구입하지 않더라도, 페인트 취급점에 가서 페인트색의 이름과 번호를 알려주면 똑같은 색으로 조색해 주므로, 좀 더 저렴하게 구입할 수 있다.

2 세면대 일체형 캐비닛을 설치하고 수전은 매트한 블랙 컬러로 교체했다.

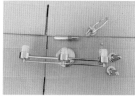 

Before　　　　　After

Before　　　　　After

3 기존의 조명은 새로운 화장실 인테리어와 어울리지 않아 떼어내고, 매트 블랙 컬러의 스프레이 페인트칠을 해주었다. 전구는 에디슨 전구로, 전구 커버는 투명 유리 커버로 교체해서 저렴한 가격으로 전혀 다른 느낌의 조명으로 재탄생시켰다.

4 타올 걸이, 휴지 걸이도 스프레이 페인트칠을 해서 통일감을 주었다.

5 세면대와 어울리는 블랙 프레임의
  거울로 교체했다.

◆ 스타일링 포인트

세면대 옆 벽면에는 블랙 프레임의 액
자를 걸고 etsy에서 구입한 올리브 가
지 그림을 출력한 후 액자에 넣었다.

참고 이미지 다운로드 검색어: set of 2 olive
branches print instant art

욕실에 식물 그림을 걸면 청결하면
서도 프레시한 분위기를 줄 수 있다.
욕실의 창문 위는 녹색 식물(조화), 디
퓨저, 캔들 (집 꾸미기 법칙 - 3품법)을 트
레이 위에 올려 장식했다.

변기 위의 벽에도 블랙 프레임의 액자에 etsy에서 구입한 수채화를 출력한 후 걸어 전체 인테리어에 통일감을 주었다.

참고 이미지 다운로드 검색어: peaceful scene hill tree lake instant download DIY print 사진 1290834

변기 위의 물탱크 위에는 트레이를 올리고, 올리브 가지(조화), 캔들, 미니 라탄 바구니로 장식했다. (집 꾸미기 법칙- 3품법)

라탄 바구니는 안에 팬티 라이너나 생리대 같은 위생 용품을 수납할 수 있어서 기능성은 물론이고 인테리어 효과까지 있는 실용적인 아이템이다.

핸드숍과 핸드로션도 트레이 위에 올려두면 훨씬 더 단정하고 정돈되어 보이는 효과를 준다.

볼일을 보고 사용한 휴지는 변기에 흘려보내기 때문에 특별히 휴지통이 필요하지는 않지만 손님이 방문했을 경우나, 위생용품 사용 후 버릴 수 있

는 휴지통은 캐비닛 안에 수납하고, 사용한 그날 휴지통은 비운다. 라탄 휴지통 안에는 플라스틱 라이너가 들어있어 라탄 소재가 오염되지는 않지만 라이너 위로 비닐 봉지를 덧씌워 사용하면 청소가 쉽다.

제품 참고 페인트 | Benjamin Moore사의 simply white (OC-117)

세면대 | lowe's 구입 Project source 30-in Gray Single Sink Bathroom Vanity with White Cultured Marble Top

수전 | lowe's 구입 allen+roth Harlow Matte Black 2-Handle 4-in centerset WaterSense Bathroom Sink Faucet with Drain

전구 커버 | lowe's 구입 5-in 4.75-in Cylinder Clear Glass Vanity Light Shade

에디슨 전구 | lowe's 구입 Vintage 60-Watt EQ G30 Warm Candle Light Dimmable Edison Bulb Light Bulb

거울 | target 구입 28" Round Decorative Wall Mirror Black- Project 62

액자(세면대 옆) | ikea 구입 Ribba 12"x16

액자(변기 위) | ikea 구입 RIBBA Frame, black16x20"

미니 라탄 바구니 | target 구입 Woven Bath Storage Canister Beige - Hearth & Hand™ with Magnolia

조화 | ikea 구입 FEJKA artificial potted plant indoor/outdoor/hanging3 ½"

올리브 나무 가지 조화 | hobby lobby 구입

마스터 배스룸

마스터 베드룸 안에 딸린 욕실로 변기가 있는 개별 공간을 포함해 샤워 부스, 욕조가 있는 공간이다. 하루의 피로를 씻어내고 지친 몸을 릴랙스할 수 있도록 좀 더 편안하고, 자연친화적인 느낌이 들도록 우드 소재의 소품을 적절히 사용하고 스파에 온 듯한 분위기를 느낄 수 있도록 했다.

◆ 스타일링 색상

큰 창이 두 개나 있어 자연광이 항상 들어오기 때문에 늘 환하고 밝다. 그래서 페인트칠을 새로 하지 않고, 원래 색상인 그레이지Greige(그레이와 베이지가 믹스된 중성색)와 타일 색상인 그레이, 캐비닛 색상인 화이트를 기본색으로 정하고, 침실의 악센트 컬러와 통일감을 주기 위해 같은 핑크 톤을 악센트 컬러로 정했다.

◆ 스타일링 포인트

세면대가 두 개이므로 그 중간에 리폼한 화병을 두고 악센트 컬러인 핑크 벚꽃 가지 조화로 제일 먼저 시선이 머물 수 있도록 했다.

저렴한 유리 화병이나 중고샵에서 유행이 지난 색의 화병을 활용해 베이킹 소다와 페인트를 섞어 바르면 세라믹 효과의 화병을 손쉽게 만들 수 있다.

1 흰색 초크 페인트에 베이킹 소다(약 2:1 비율)를 섞어 유리 화병 전체에 바른 후 완전히 건조시킨다.

2 텍스처 스프레이 페인트를 골고루 분사한 후 완전히 건조시킨다.

제품참고 **텍스처 페인트** | Amazon, Rust Oleum Stops Rust Multi Color Textured Desert Bisque Spray Paint

이가 빠지거나 사용하지 않는 유리컵 또는 약간 키가 높은 1회용 컵에 모래나 흙을 채운 후 조화 가지를 꽂고, 그 컵을 그대로 화병 안에 넣으면 모양 잡기도 쉽고, 고정하기도 쉽다.

우드 소재의 원형 도마 트레이 위에 녹색 조화, 캔들, 핸드솝을 올려 두었다. (집 꾸미기 법칙 - 3품법)

캔들과 핸드솝은 욕실의 악센트 컬러인 핑크색 라벨지의 제품으로 공간에 포인트와 통일감을 주었다. 세면대 양옆의 허전한 빈 벽에는 따뜻한 우드색 프레임의 액자를 걸었다. (집 꾸미기 법칙 - 그림 걸기) 액자 안에는 etsy에서 구입한 식물 그림을 프린트해서 넣어 생기 있고, 프레시한 느낌을 줄 수 있도록 했다.

제품 참고 우드 프레임 액자 | IKEA HOVSTA frame, birch effect

욕조의 한 켠에는 큰 화병에 녹색 조화 가지를 꽂아 공간을 채움으로써 눈과 마음을 편안하게 해 주는 효과가 있다. (집 꾸미기 법칙 - 녹색 식물)

화병 입구가 좁은 경우에는 조화를 고정시키기 위해서 컵을 넣을 수가 없다. 이럴 경우에는 화병 속에 택배 상자의 충전재인 스티로폼 조각 또는 신문지를 뭉쳐서 작은 조각으로 여러 개 만들어 화병 속을 채운 뒤에 조화를 꽂으면 쉽게 고정할 수 있다.

욕조 트레이 위에는 예쁘게 말아 놓은 수건과 목욕 용품, 디퓨저를 올려 욕실에 작은 감성을 더했다. 욕조 트레이는 평상시에는 데코용 트레이로, 반신욕 또는 거품 목욕을 할 때는 책이나 휴대폰, 음료나 와인을 올려둘 수 있는 기능적인 소품이면서 동시에 감성 소품이기도 하다.

욕조 위의 빈 벽에는 직접 만든 텍스처 아트를 걸었다.

Before   After

욕실 바닥에는 러너 형태의 러그를 깔아 차가워 보일 수 있는 욕실에 따뜻하고 포근한 느낌을 주었다.

T.I.P | 호텔식 타올 접기 —————————————————————

  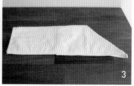

1 수건을 펼치고, 오른쪽 아랫부분을 삼각형 모양으로 접어 올린다.

2 아랫부분을 반으로 접어 올린다.

3 수건을 뒤집는다.

4 왼쪽 부분부터 돌돌 말아준다.

5 끝까지 말은 후 마지막 남은 귀 부분은 말려진 부분 안으로 끼워 넣는다.

T.I.P | 텍스처 아트 DIY

1 집의 분위기와 어울리지 않는 오래된 캔버스 아트를 재활용했기 때문에 흰색 아크릴 페인트 또는 초크 페인트로 기존의 그림이 보이지 않도록 전체적으로 칠했다. (새 캔버스 액자를 사용할 경우는 2번 단계부터 시작)

2 벽 보수제 (dry wall joint compound 약 8불에 구입 가능)를 손으로 골고루 잘 펴바른 후, 그 위를 스크래퍼로 가볍게 긁으면서 원하는 모양을 낸다. (한국에서는 텍스처 아트 키트 DIY 또는 백 드롭 페인팅 키트로 검색하면 액자와 벽 보수제, 스크래퍼까지 세트로 판매되는 곳을 쉽게 찾을 수 있다.)

3 스크래퍼로 긁어낸 부분 위에 원하는 색의 아크릴 페인트, 또는 초크 페인트를 칠한 후 완전히 건조시킨다.

◆ 수납 포인트

세면대 캐비닛

침실에 따로 화장대가 없기 때문에 마스터 배스룸의 세면대 캐비닛을 화장품 수납용으로 사용한다.

세면대 위에 화장품을 진열해 두면 먼지가 쌓이는 것은 물론이고, 다양한 크기, 모양, 색깔의 화장품 용기들로 인해 정리 정돈된 인상보다는 번잡해 보이기 쉽다. 그래서 모든 화장품은 캐비닛과 서랍 안에 보관한다. 서랍 공간의 효율적인 사용을 위해 칸막이를 직접 제작한 후, 화장품들의 제자리를 각각 정해주었다. 화장할 때 서랍만 열면 화장품들이 한눈에 보여 찾아 쓰기도 쉽고, 사용 후 바로 제자리에 돌려놓기만 하면 되니 정리하기도 쉽다.

물티슈 뚜껑 두 개를 맞붙여 강력 본드 또는 공예용 본드 E6000으로 붙여주면 작은 소품을 수납할 수 있는 수납함이 완성된다. 실핀, 헤어고무, 액세서리 등 아주 작은 소품 보관에 유용하다.

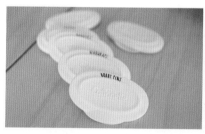

눕혀서 보관이 곤란한 화장품이나 키가 큰 헤어 스프레이 같은 제품은 캐비닛 문 뒤쪽에 수납 바구니를 걸어 그 안에 수납했다. 필요한 물건을 사용할 때마다 쪼그려 앉아 캐비닛 안을 들여다 볼 필요가 없어 편리하다.

케이블 타이를 2개 또는 3개, 길이에 맞게 연결해서 공간을 분리해주면 문을 열 때마다 화장품이 쓰러지거나, 자리가 뒤섞이지 않는다.

네일 용품은 회전 트레이에 보관해서 한눈에 보기 쉽고, 꺼내 쓰기도 편리하다.

헤어 기구 제품도 크기에 맞춰 서랍 공간 칸막이를 만든 후 서랍에 보관했다.

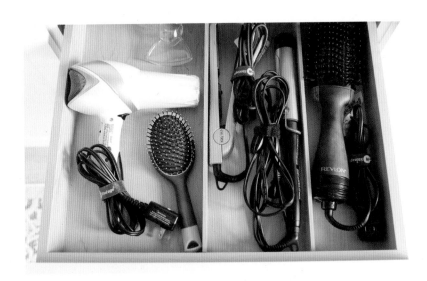

코드 정리용 벨크로로 깔끔하게 코드 정리하는 것도 잊지 않는다. 벨크로는 코드에 고정시킨 후 선을 정리하기 때문에 잃어버릴 일이 없다.

칫솔, 치약, 치실, 면봉 역시 서랍 속에 보관해 세면대 위는 장식품 외에 아무 것도 올려 두지 않는다. 가끔 서랍의 환기가 필요할 때는 문 닫힘 방지 패드를 끼워 살짝만 열어 둔다.

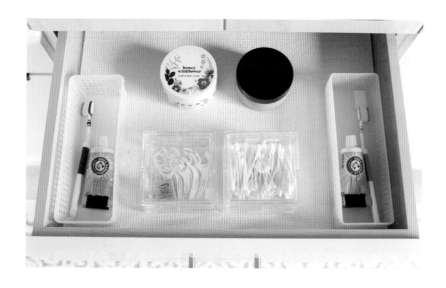

휴지통은 욕실 바닥에 두는 것보다 캐비닛 속에 보관하면 욕실의 미관을 해치지 않고, 욕실 바닥 청소시에도 걸리적거리지 않아 편하다.

캐비닛 문을 열고 발판을 밟아서 휴지통 뚜껑을 열 때 미끄러짐을 방지하기 위해 글루건으로 휴지통 바닥면에 미끄럼방지 받침을 만들어 주면 뒤로 밀리지 않아 편하다.

샤워 부스

다 사용한 바디숍 용기를 깨끗이 씻어 말린 후, 재활용하여 샴푸, 린스, 바디숍 용기를 통일시켜 주었다. 라벨링을 해서 내용물을 구분하고, 보기에도 깔끔해서 시각적인 만족감을 준다.

샤워 부스 유리의 비눗물 때나 얼룩 방지를 위해 샤워 커튼 라이너를 사용한다.

샤워 부스 안에 선반 공간이 좁아서 여러 가지 물품을 올려두면 청소하기도 번거롭고, 시각적으로도 너저분해 보일 수 있어 샤워 거품 볼, 폼클렌징 등은 바인더 클립을 사용해 샤워 커튼 고리에 걸어서 사용한다.

면도기도 바인더 클립을 사용해서 샤워 커튼 고리에 걸 수 있고, 면도날을 감싸주는 커버 역할을 하기 때문에 여행 갈 때에도 그대로 가져갈 수 있다. 샤워 후 스퀴지로 샤워 부스 벽면과 유리의 물기를 제거하면 건조 시간도 줄어들고, 물때 방지 효과도 있다.

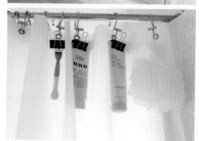

샤워 부스 앞, 욕조 앞의 발 매트는 젖은 상태로 방치되는 시간이 길기 때문에 세균 번식의 우려가 있어 사용하지 않는다. 대신 오래된 타올을 발 매트 대용으로 사용하고, 아침 저녁까지 사용 후 세탁한다.

샤워 후 샤워 커튼은 물기를 대충 털어내고 공기가 잘 통하도록 샤워 부스 문을 두세 시간 정도 열어 둔다. 소형 선풍기나 제습기를 샤워 부스를 향해 약 30분 정도 틀어 놓으면 환기도 잘 되고 금방 건조되어 샤워 커튼에 물때나 곰팡이가 잘 생기지 않는다.

1 샤워를 한 직후 유리의 묵은 때가 붙었을 때 대충 타올로 물기를 제거한다.

2 스프레이통에 식초200ml + 주방 세제 2~3방울을 떨어뜨려 섞는다.

3 샤워 부스 유리에 스프레이 한 후 약 10분간 방치한다.

4 매직 블럭으로 문질러 준 후 헹궈준다. (아주 오래 묵은 때는 인덕션 청소용 스크래퍼 칼로 긁은 후에 매직 블럭으로 문지르면 효과를 볼 수 있다.)

린넨 클로젯

타올 수납

미국집에는 욕실 옆에 린넨 클로젯이라는 공간이 있다. 수건, 욕실 용품, 침구 등을 보관하는 공간인데 특히 수건은 용도에 따라 몸 전체를 감쌀 수 있는 배스 타올, 얼굴을 닦는 페이스 타올, 핸드 타올, 핑거팁 타올, 비치 타올 등 다양한

종류의 타올을 사용하기 때문에 그 크기와 부피가 달라 수납에 애를 먹는다. 모

든 종류의 타올을 갖추고 있지 않지만, 두세 종류의 타올만으로도 각각의 크기와 부피 때문에 쌓아 올리는 수납은 쓰러지거나 헝클어지기 일쑤였다. 그래서 수납함을 준비해서 개별 수납 공간을 만들고 라벨링을 했다.

침구 세트 & 이불 수납

침구 세트나 이불은 베개 커버에 접어 넣어 보관한다. 침구 세트와 같은 디자인의 베개 커버만으로도 어떤 침구가 들어 있는지 알기 쉬울 뿐만 아니라, 이불들의 모양과 크기가 통일되어 훨씬 깔끔하고 보기 좋게 수납할 수 있고, 부피를 줄여주기 때문에 작은 공간에도 효율적으로 수납할 수 있다.

라벨 홀더

집안 대부분의 수납함에 라벨링을 하다 보니 라벨용품 구입 비용도 꽤 부담이 되었다. 그래서 50개에 10불 정도인 비교적 저렴한 사무용 라벨 홀더를 구입해 검정 스프레이 페인트로 칠한 후, 라벨링 스티커를 붙여서 사용한다.

'라벨링도 인테리어' 라고 생각하기 때문에 라벨 홀더의 색상마저도 양보할 수 없었다.

 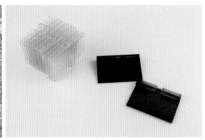

제품 참고 **욕조 트레이** | Target 구입 Slatted Wood Bathtub Tray-Hearth & Hand with Magnolia

화병 | Target 구입 10" X 8.5" Earthenware Fall Edit Texture Vase White-Threshold

핸드솝 트레이, 캔들, 핸드솝 | Marshalls 구입

녹색 조화 (핸드솝 트레이 위) | Ikea 구입 FEJKA Artificial potted plant 3 ½"

면봉, 치실 수납함 | Marshall's 구입 유사 제품 Amazon- Luxspire Qtip Holder Dispenser for cotton ball

라벨 홀더 | Amazon 구입 Sdot 50 Pcs Plastic Label Holders

타올 수납함 | Target 구입 Y-Weave Medium Decorative Storage Basket White- Room Essentials

게스트 & 키즈 배스룸

게스트룸과 아이들 방 옆에 욕실이 하나 있는데, 평상시에는 아이들이 사용하고
손님이 머무를 경우 손님도 함께 사용하는 욕실이다. 아이들이 사용하기 편한
공간임과 동시에 집에 머물다 가는 손님들에게도 기분 좋은 상쾌한 욕실이 되길
바라며 약간의 셀프 리모델링을 했다.

◆ 스타일링 색상

창이 없어 자연광이 들지 않기 때문에 기존의 그레이지 페인트색으로 욕실은 더욱 어두워 보였다. 그래서 밝은 화이트색과 바닥 장판의 색인 그레이를 메인 컬러로 정하고 상쾌하면서도 경쾌한 분위기를 주는 파스텔 톤의 민트 색상을 악센트 컬러로 정했다. (집 꾸미기 법칙 - 3색법)

◆ 셀프 업그레이드 과정

Before

1 욕실 벽 전체는 벤자민 무어의 Chantilly lace OC-66 컬러로 페인트칠을 했다.
2 세면대 맞은편의 벽면에 얇고 긴 우드 목재를 덧대어 목공용 본드와 네일건으로 고정시키고 악센트 컬러인 Sherwin Williams의 Sea Salt (SW6204) 컬러로 페인트칠을 해서 보드앤배튼 벽Board and Batten wall을 만들었다.

3 기존의 타올 걸이는 너무 높아서 키가 작은 둘째 아이는 손이 닿지 않아 타올을 거는 데 애를 먹었다. 그래서 둘째의 손이 닿는 위치에 타올 걸이를 설치할 것을 염두에 두고 패널의 높이를 정한 뒤, 일정한 간격으로 패널을 설치했다.

4 벽과 패널의 이음새 부분에 실리콘 건을 사용해 실리콘으로 메꾼 후 페인트칠을 해서 마무리했다.

5 차가운 욕실에 따뜻한 느낌을 더하기 위해 우드 소재의 타올 걸이를 설치했다. 타올 걸이 후크 중 2개는 아이들용, 나머지 2개는 손님용으로 사용할 수 있도록 4개를 설치했다.

◆ 스타일링 포인트

욕실의 메인 컬러에 맞춰 화이트와 그레이 컬러의 샤워 커튼을 달아서 욕실 전체 인테리어와 잘 조화되도록 했다.

샤워 커튼 안쪽으로는 샤워 커튼 라이너를 걸어주면 샤워할 때 물이 밖으로 튀거나 인테리어용 샤워 커튼이 젖지 않는다.

샤워 커튼 고리는 2중 후크로 되어 있어 어느 쪽으로도 쉽게 걸거나 뺄 수 있어 세탁 시 편리하다.

바닥 역시 화이트, 그레이 컬러의 러너형 러그로 공간을 아늑하고 포근한 느낌으로 연출했다.

포인트 벽 위의 허전한 공간에는 재미있는 문구가 들어간 액자를 직접 제작한 후 데코했다.

1 구글 검색창에 'bathroom free svg' 로 검색해서 데코용 액자에 사용하기 좋은 수많은 이미지 중 몇 가지를 선택한다.

2 이미지를 캡처하거나 다운 받은 후 스티커 메이커 (크리컷)로 출력했다. (스티커 메이커가 없을 경우, 그냥 프린트기로 출력한 후 그대로 액자에 넣어도 된다.)

3 반제품 원목 액자의 테두리 부분은 목재용 스테인을 입히고, 이미지가 들어갈 중간 부분은 흰색 스프레이 페인트칠을 했다.

4 출력한 스티커를 부착한다.

타올 걸이 후크에 라탄 소재의 바구니를 걸고, 라벤더 조화를 꽂아 허전한 벽 공간에 생기를 더했다.

손님 전용 수건에 신축성이 있는 고무밴드를 달아 수건을 걸어도 우드 소재의 후크가 보일 수 있도록 했다.

변기 위의 허전한 벽에는 선반을 달고 녹색 조화, 수제 디퓨저, 캔들, 장식용 수납함 등으로 장식했다. (집 꾸미기 법칙- 3품법, 사선배치법)

선반 아래에는 여분의 휴지를 보관해 아이들이나 방문객이 휴지 때문에 당황하는 일이 없도록 했고, 냄새 제거 스프레이도 구비해 두어서 아이들과 손님 서로서로 매너 있게 화장실을 사용할 수 있다.

 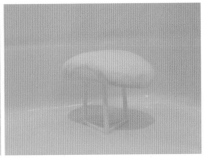

　욕조 위에는 샤워 시 꼭 필요한 용품인 비누와 바디숍만 올려두고, 샤워볼, 스퀴지는 압착 후크에 걸어서 항상 정돈되고 깨끗한 상태를 유지한다.

　비누는 피자 고정 삼각대를 활용해서 비누 아랫부분에 꽂으면 물로 인해 물러지지 않는다.

　평상시 세면대의 주 사용자는 아이들이므로 세면대 위에는 핸드숍만 올려 두어 항상 정돈된 상태로 유지할 수 있도록 했다.

　아이들의 칫솔과 치약, 치실은 서랍에 보관하고 환기가 필요할 경우, 문 닫힘 방지 패드를 꽂아 서랍을 약간 열어 둔다.

문 닫힘 방지 패드는 다이소 같은 생활잡화점에서 쉽게 구할 수 있다. 다이소가 없는 미국 거주자라면 달러 트리 (1불샵)에서 판매하는 pool noodle (풀누들, 아쿠아봉)을 잘라 활용하면 저렴한 가격에 여러 개를 만들 수 있다.

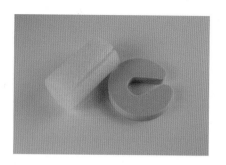

휴지통은 세면대 아래의 캐비닛에 두고 사용한다. 욕실 바닥 청소가 용이하고, 욕실의 인테리어를 해치는 요소가 없어 청결한 욕실의 인상을 줄 수 있다. 캐비닛에 보관하는 휴지통은 글루건으로 바닥면 4군데에 받침대를 만들어 주면 페달을 밟을 때 뒤로 밀리지 않는다.

청소용 분무기는 라벨링을 해서 종류별로 구분한 후 욕실 캐비닛에 보관한다.

1. 거울 닦기 꿀팁

욕실 거울은 극세사 타올에 린스를 약간만 묻혀 닦아주면 물 얼룩도 지울 수 있을 뿐만 아니라 코팅 효과가 있어 수증기로 인한 김서림도 덜하다.

2. 샤워 커튼 라이너에 생기는 곰팡이 방지법

샤워 커튼 라이너는 샤워 시에 물이 직접 닿기 때문에 건조되기까지 시간이 길어져 곰팡이가 생기기 쉽다. 특히 아랫부분의 끝자락에 쉽게 곰팡이가 생기는데, 가위로 잘라 길이를 줄여주면 물에 젖은 접촉면과 욕조에 닿는 면이 줄어들어 건조가 빨라지기 때문에 곰팡이 방지 효과가 있다.

욕실 사용 후 샤워 커튼을 열고 작은 선풍기나 제습기를 욕실에 틀어 놓는 것도 아주 큰 도움이 된다. 혹시라도 핑크색 곰팡이 등 곰팡이가 생기기 시작한다면 500미리 우유통에 락스 2큰술과 물을 가득 채운 후 샤워 커튼의 아래 자락을 30분 이상 담가 두면 소량의 물과 큰 물통 없이 간편하게 곰팡이를 제거할 수 있다. 샤워 커튼 곰팡이 제거에 사용하고 남은 물은 욕조 바닥이나 변기 청소에 사용하면 1석 2조이다.

3. 향기나는 휴지

휴지 심지 안쪽에 에센셜 오일을 한두 방울 정도 떨어뜨리면 화장실의 방향 효과뿐만 아니라 휴지를 사용할 때마다 좋은 향기를 맡을 수 있다.

4. 천연 디퓨저 만들기

미네랄 오일 또는 스위트 아몬드 오일 180ml + 소독용 알콜 (90% 이상), 또는 보드카 1ts + 에센셜 오일 5~6방울을 잘 섞은 후 스틱을 꽂으면 집에서도 손쉽고 저렴하게 디퓨저를 만들 수 있다. 스틱은 일주일에 한 번씩 뒤집어 주면 더욱더 효과적이다.

5. 손님 접대용 휴지 접기

휴지의 끝을 삼각형으로 접어 올린 후 삼각형의 꼭지점 부분을 수도 꼭지의 물 나오는 부분으로 힘있게 눌러 주면 예쁘게 고정된다. 손님 초대 계획이 있을 경우 활용하면 집 주인의 센스를 칭찬할 것이다.

제품 참고 타올 후크 | Amazon 구입 Wood Wall Hooks 4 pack Coat Hooks Wall Mounted
라탄 바구니 | Amazon 구입 Woven Wicker Hanging Basket
라벤더 조화 | hobby lobby 구입
게스트용 배쓰 타올 | Marshalls 구입
디퓨저 화병, 로즈마리 조화 화분, 플로팅 선반, 휴지 수납함 | hobby lobby 구입
라탄 바구니 세트 | Ikea 구입 Fryken box with lid, set of 3
녹색 조화 (아래 선반 왼쪽) | Ikea 구입 FEJKA Artificial potted plant 3 ½"
핸드솝 트레이 | hobby lobby 구입
러그 | Target 구입 2'6"x6' Rectangle Loomed Shapes Runner Off-White - Safavieh

세탁실

미국에서는 빨래를 밖에 널지 않는다. 아파트의 발코니는 물론이고 넓은 백야드 (뒷마당)를 갖추고 있는 단독주택조차도 빨래를 밖에 널어 말리는 일은 거의 없다. 미관을 해친다는 이유다.

미관을 해친다는 말은 밖에 주렁주렁(?) 걸려 있는 빨래가 집의 가치를 떨어뜨리고, 동네의 분위기를 흐린다는 말이다. 그래서 단독 주택에 살더라도 주민 자치회가 있는 동네라면 뒷마당에 빨래를 너는 것으로 경고장을 받고, 벌금을 내야 한다.

이런 이유로 미국에서는 세탁기와 함께 건조기가 필수 가전 제품이다. 그리고 부피가 큰 가전인 만큼 단독 주택에는 세탁기, 건조기를 두는 전용 공간인 '세탁실'이 있다.

세탁실은 누가 들여다보는 오픈된 공간은 아니지만 주 사용자인 내가 자주 드나드는 공간이다. 게다가 나는 빨래를 개는 것도 세탁실에서 하기 때문에 세탁실에 머무르는 시간이 꽤 길다. 그래서 이왕이면 기분 좋은 공간에서 기분 좋게 작업을 하고 싶었기에 세탁실도 조금 손보기로 했다.

◆ 스타일링 색상

빨래를 하고, 개는 작업을 하는 공간인만큼 깨끗하고 밝게 보이도록 하기 위해서 벽 색깔은 화이트, 대비 효과를 주는 블랙 컬러를 사용하기로 했다. 화이트 계열의 페인트칠(Benjamin moore -chantilly lace (OC-65))을 하고, yellow light 전구를 좀
더 밝은 soft warm white 전구로 교체했다. 세탁기와 건조기가 화이트 컬러이기
때문에 선반 위의 소품들을 포인트 색인 블랙으로 사용해서 훨씬 더 청결하고
깔끔한 세탁실의 공간을 만들고자 했다.

Before   After

◆ 스타일링 포인트

무엇보다 세탁 관련 세제들과 용품을 보관하는 수납함과, 그 수납함을 올려 놓을
수 있는 선반이 없었기에 선반 설치가 시급했다.

  세탁에 필요한 용품들을 수납하기 위해 선반을 만들 목재와 브라켓을 구입한
후, 목재는 검정색 스테인을 입혀 벽에 달았다. 수납 바구니는 철제 바구니로 통

일해서 단조롭지 않게 배치하고 세탁실에 수납해야 할 물품들을 분류해서 각각 수납했다. (왼쪽 상단- 다리미, 오른쪽 상단- 짝 안 맞는 양말, 중간 하단-세탁 세제와 세탁망)

세탁 세제는 종이 타입의 친환경 세탁 세제로, 자리를 거의 차지하지 않고, 무거운 액체 세제를 들었다 놓았다 하는 불편함이 없다. 또한 세제의 포장재는 땅속에서 분해되므로 세제 사용 후 플라스틱 용기 배출에 대한 마음의 부담도 없다.

세탁 효과를 높여주는 베이킹 소다와 과탄산 소다는 전용 용기를 마련해서 크리컷(스티커 메이커)으로 라벨링을 해 주었다.

액체류의 섬유 유연제는 선반 위에 수납하면 그 무게 때문에 올렸다 내렸다 하면 불편하므로 음료 디스펜서 용기에 담아 쉽게 부어서 쓸 수 있다.

양모볼은 건조기 사용시 함께 넣어서 돌리면 세탁물 사이사이에 건조 열기가 잘 전달되기 때문에 세탁 시간을 줄여준다. 정전기 방지 효과도 있어 섬유 유연제를 사용하지 않아도 된다고 하지만 사실 큰 효과를 보지 못했다. 그러나 세탁 시간 단축을 위해서 사용하고 있다.

세탁실 사인보드를 달아 공간의 용도를 강조하고 인테리어 효과도 주었다.

블랙 화이트로 단조로울 수 있으므로 녹색 조화 화분을 두어 공간에 생기를 준다.

바닥은 접착식 타일을 붙이려고 계획했으나 힘들이지 않고도 같은 인테리어 효과를 주는 러그로 대신했다. 블랙 화이트가 주요 컬러이므로, 러그 역시 메인 컬러에 벗어나지 않는 패턴으로 선택해 세탁실 전체적인 인테리어에 통일감을 주었다.

오래 된 다림질판의 패브릭을 세탁실의 분위기와 어울리는 패브릭으로 갈아주고, 문 뒷편에 후크를 걸어 수납했다.

개어진 빨래를 방으로 가져갈 때 사용하는 빨래 바구니는 접이식으로 사용하지 않을 때는 접어서 벽에 걸어 수납할 수 있어서 공간을 많이 차지하지 않아 좋다.

선반을 만들고 남은 자투리 나무에 바퀴를 달고, 그 위에 햄퍼(세탁 바구니)를 놓았다. 세탁물이 가득차서 무거워져도 이동이 용이해서 청소할 때 편리하다. 바퀴 달린 화분 받침대를 활용해도 좋다.

한쪽 벽에는 먼지통을 달아 건조기 필터에서 나온 먼지를 바로 버릴 수 있어 편리하다. 먼지통 안에는 종이백을 넣어 먼지가 가득 차면 종이백만 꺼내서 그 안에 있는 먼지만 버리고 다시 종이백은 먼지통 안에 넣어 놓는다.

T.I.P | 미국 인테리어, 크래프트 전문점 하비라비 세일 정보 ───────

하비라비는 품목별로 50%할인을 2주 간격으로 돌아가면서 한다. 구입할 제품이 세일 중이 아니라면 1주일을 기다리면 50% 세일이 돌아오므로 그때에 맞춰 구입하면 반 가격에 구입 할 수 있다.

제품 참고 철제 수납 바구니 | Marshalls, 유사 제품 아마존, JN Better Homes & Gardens Medium Wire Basket with Chalkboard - 2 Pack - Medium

세탁 세제 | https://www.tru.earth Tru Earth Detergent Sheets 아마존에서도 구입 가능

음료 디스펜서 용기 | target 2gal Plastic Lancashire Beverage Dispenser, Threshold™

양모볼 | amazon Wool Dryer Balls, Smart Sheep 6-Pack - XL

세탁실 사인보드 | hobby lobby laundry Co Metal sign, Laundry Room Round Wood Wall Décor

러그 | target 3'x5' Rectangle Hand Made Tufted Area Rug Black - nuLOOM

접이식 빨래 바구니 | target simplify Collapsible Laundry Basket

다림질판 도어 후크 | amazon Hewooh over the door Hooks

우리는 하루 24시간 중 1/3을 침대에서 보낸다. 일 년
이면 약 3,000시간에 가깝다. 그 시간 동안 우리의 몸과
정신은 가장 편안한 상태가 되어 쉼을 얻고 다음날을
위한 힘을 얻는다. 단순히 잠을 자는 곳이 아닌 아이의
꿈과 희망이 자라고, 부부의 온전한 휴식과 회복이 되
는 곳.

 침실과 아이 방이 집에서 가장 포근하고 아늑한 공
간이 되어야 하는 이유이다.

침실

미국집의 인테리어에 관심을 가지게 되면서 수많은 침실 인테리어 사진을 보고 스크랩을 해두었다. 그러다 보니 침실 인테리어의 공통점이 보였다. 침대의 헤드보드는 방 한가운데의 벽에 붙이고, 침대 양쪽으로는 나이트 스탠드 세트를 놓고, 그 위에는 나이트 램프 세트를 각각 올려 둔다.

침대 헤드보드 위의 벽에는 월 아트나 그림을 걸고, 침대 발치에는 벤치나 작은 악센트 소파 세트를 두고 데코용 쿠션을 두세 개 조화롭게 올려 놓는다. 마치 미국인들의 침실 꾸미기 기본 공식인냥 말이다. 그리고 그 공식의 완성은 과하다 싶게 많이 올려진 침대위의 장식 쿠션들이다.

수면을 위한 베개는 두 개면 충분한데, 침대 위 베개를 포함한 쿠션들이 적어도 7개 이상이다. 많으면 10개까지도 올려져 있다. 수면용 베개sleeping pillow와 앉아 있을 때 허리를 지지해주고, 침대의 헤드보드를 보호해 주는 유로 필로우Euro pillow, 시즌 장식이나 악센트를 주기 위한 악센트 필로우accent pillow 등 이름이 다양하지만, 수면용 베개를 제외하고는 특별한 기능보다는 결국 장식이 목적이다. 그래서 이 쿠션들의 명칭도 통틀어 장식용 쿠션decorative pillow 또는 스로우 필로우throw pillow(대충 던져 놓는다는 의미)라고 부른다. 실제로도 밤이 되면 남편 손에 의해 침대 밑으로 내동댕이 쳐진다는 이야기도 인터넷에 종종 올라오기도 한다. 그리고 아침이면 다시 침대 위에 가지런히 올려진다.

밤마다 던지고, 아침마다 다시 쿠션을 정리하는 불필요하고 쓸데없는 에너지 소모를 하면서까지 왜 미국인들은 이 쿠션 인테리어를 고수하는 걸까? 그 답은 미국의 집 고쳐주기 프로그램 방송에 나온 인테리어 디자이너를 통해 알게 되었다. 침대 위에 많으면 많을수록 좋은 것이 쿠션이고, 쿠션은 침실을 훨씬 더 아늑하고 포근한 느낌이 들도록 해준다는 것이다. 쿠션이 없는 침실은 너무 추워 보이고 슬퍼 보인다고 했다.

우리는 하루 24시간 중 1/3을 침대에서 보낸다. 일 년이면 약 3,000시간에 가깝다. 그 시간 동안 우리의 몸과 정신은 가장 편안한 상태가 되어 쉼을 얻고 다음 날을 위한 힘을 얻는다. 침실이 포근하고 아늑한 공간이 되어야 하는 이유이다. 그래서 미국인들은 아름답고 따뜻한 침실 분위기를 위해 매일 아침 저녁으로 그 쿠션들을 가지런히 정리하는 수고를 기꺼이 하는 것이다.

우리 집 침대에도 베개를 포함해서 9~10개의 쿠션이 올려져 있다. 확실히 침대 위에 풍성하게 올려진 쿠션들은 침실 분위기를 업그레이드해준다. 도화지 같은 흰색 침구 세트에 패턴이나 컬러가 있는 쿠션을 더하면 새로운 침구 세트를 들인 기분이 든다. 계절마다 침구 세트를 바꾸는 대신 실속 있게 쿠션 커버를 바꾸어 분위기를 내기도 한다. 아침마다 하는 쿠션 정리가 귀찮다고 느낀 적은 없다. 더 예뻐지기 위해 화장하는 것이 귀찮지 않듯, 아름답고 기분이 좋아지는 침실, 오래 머무르고 싶은 침실을 만들기 위해 그 정도 수고쯤은 할 수 있기 때문이다.

◆ 마스터 베드룸 스타일링

미국은 침대를 중심으로 두고 양쪽에 나이트 스탠드를 대칭되도록 두는 것이 가장 기본적인 침실 스타일링이다. 여기에 밝고 환한 분위기를 연출하고 싶어서 메인 컬러는 침대 프레임의 색깔에 맞춰 화이트로 하고, 라탄 소재 풋벤치의 밝은 우드 컬러로 따뜻한 느낌을 더했다. 부부만의 공간인 만큼 약간의 로맨틱한 분위기를 위해 핑크를 악센트 컬러로 사용했지만, 계절에 따라 쿠션이나 소품을 바꾸어 가며 색다른 침실 분위기를 내기도 한다.

화이트 프레임의 침대에 화이트 베드 스커트를 입히고, 화이트 침구를 올린 뒤 쿠션의 컬러로 색감을 더했다. 수면 베개는 침구 아래에 넣어 이불로 덮고, 그 위에 퀸 사이즈 필로우, 그레이 스트라이프 패턴 쿠션, 핑크색의 단색 쿠션, 질감 쿠션을 믹스 앤 매치해서 화이트 침구의 단조로움에 아늑함을 추가했다. (게스트 룸 장식용 쿠션 콤비네이션 Tip 참조 - 199~200p)

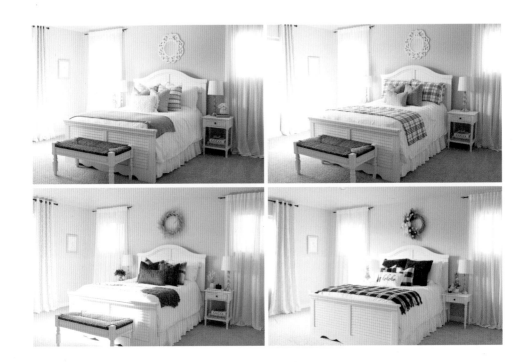

침대 발치 부분에는 악센트 컬러인 핑크 컬러의 스로우 블랭킷으로 색상에 통일감을 주었다.

침대 풋보드 앞에는 중고샵에서 저렴하게 구입한 라탄 벤치를 화이트 컬

러의 초크 페인트로 칠해 침실의 분위기와 어울리도록 리폼했다. 보통 미국인들은 침대 위를 데코한 쿠션을 밤에 자기 전에 이 풋벤치 위에 올려놓고, 아침이 되면 다시 가지런히 정리를 한다.

침대 헤드보드 위 허전한 벽면에는 화이트 장식 프레임의 거울을 걸었다. 계절이 바뀌거나 시즌에 따라 이곳에 시즌 데코용 리스를 걸어 분위기를 바꾸기도 한다.

침대 양쪽의 나이트 스탠드 위에는 화이트 톤 침실과 잘 조화되는 크리스탈 볼 기둥의 나이트 램프를 각각 올렸다. 각각의 나이트 스탠드 위에 흰색 화병을 두고, 핑크색의 조화를 꽂아 핑크 콘셉트의 침실에 통일감을 주었다.

미국집의 인테리어 특징을 살펴보면 대칭형 스타일링이 많다. 침대를 중심으로 양 옆에 나이트 스탠드, 거실의 벽난로를 중심으로 양 옆에 똑같은 책장, TV를 중심으로 양 옆에 책장이나 선반, 현관 문 양쪽에 같은 화분, 이렇게 중심에

무엇인가를 두고 그 양옆으로 똑같은 가구나 소품을 두어 대칭형 스타일링을 하는 것을 많이 보게 된다. 대칭형 스타일링에서의 키포인트는 '쌍둥이처럼, 그러나 너무 똑같지 않도록' 하는 것이었다. 그래서 나이트 스탠드와 똑같은 조화를 꽂은 화병을 쌍둥이처럼 두었지만 다른 한쪽은 책 두 권 정도 추가해 화병의 받침대로 활용했다. (선반의 대칭형 데코 Tip은 오피스룸 스타일링편 참조 - 203~204p)

오른쪽 나이트 스탠드 아래쪽 선반에는 수납 기능이 있는 데코용 책을 리폼해서 올렸다.

T.I.P | 장식용 수납 책 DIY _____

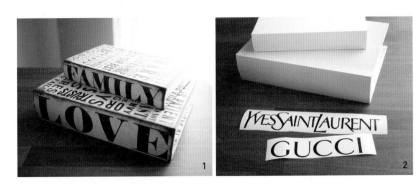

1 수납 기능이 있는 장식용 소품 책을 흰색 아크릴 페인트로 칠한다.
2 유명 패션 브랜드의 네임 폰트를 구글해서 스티커 머신으로 만든 후 붙인다.

_____

클레이로 직접 만든 매듭 오브제를 그 위에 올려 허전할 수 있는 공간을 채우고, 입체적인 느낌을 더했다. 인테리어 용품점에서 비슷한 매듭 오브제를 판매

하고 있지만 보통 20불 이상에 판매되
고 있기 때문에 클레이나 지점토로 직
접 만들면 훨씬 저렴한 가격으로 여러
개를 만들 수 있다.

T.I.P | 클레이 매듭 오브제 DIY _____

1 클레이 반죽을 30센티 정도의 길이로 두 줄을 만든다.

2 두 줄을 반대 방향으로 향하게 놓고 겹쳐 올린 후 오른쪽 매듭의 끝을 왼쪽 매듭의 원 안으로 넣어서 뺀다.

3 매듭을 조심스레 조여주면서 모양을 잡는다.

4 길게 남는 매듭은 반듯한 단면이 나오도록 칼로 자르고, 3일 정도 그늘진 곳에서 완전히 건조시킨다.

5 샌드페이퍼로 표면을 곱게 갈아서 매
　끈하게 만든다.

6 검정색 페인트를 전체적으로 칠한 후
　반나절 이상 건조시킨다.

7 스펀지에 실버 컬러 (또는 골드 컬러)
　페인트를 아주 조금씩 묻혀 톡톡 두드
　리듯 해서 전체적으로 색을 입힌다.

　　왼쪽 나이트 스탠드 아래에는
크기가 다른 따뜻한 우드 소재의
수납함을 구입해 아래쪽에는 AI
스피커를 넣고 수납함을 거꾸로
뒤집어서 가려 주었다. 위쪽 수납
함에는 TV리모콘을 수납한다.

아이 방

미국에서는 임신을 하면 너서리룸nursery room(수유실)을 꾸미기 시작한다. 아이에게 젖을 먹이고, 기저귀를 갈고, 재우기 위한 목적의 공간으로 결국 미래에 아이 방이 될 곳이다.

미국의 아이들은 태어나기도 전에 이미 자신의 방이 생기는 셈이다. 태어나면 그 방에서 젖을 먹고, 아기 침대에서 부모와 떨어져 혼자 잔다. 한국에서의 육아 방식을 보고 자란 나에게는 너무나도 낯선 육아 방식이었다. 그래서 첫 임신 후 너서리룸을 꾸밀 때 아기가 사용하지도 않는 창고방이 되지 않을까 염려스러웠다.

하지만 독립된 너서리룸은 아이가 다른 소음에 방해받지 않고 숙면을 할 수 있게 하고, 한밤중 수유시 다른 가족의 수면을 방해하지 않아서 좋았다. 주 양육을 담당하는 엄마도 수면하는 동안은 푹 쉴 수 있어서 좋다고 하지만 사실 첫 아기를 낳은 초보 엄마는 베이비 모니터로 들려오는 아기의 딸꾹질 소리에도 화들짝 놀라 아기방으로 후다닥 뛰어갈 만큼 예민했기에 푹 잘 수 있었다고는 말하지 못하겠다. 게다가 두 시간 간격으로 수유를 해야 했던 신생아 시절에는 몇 발짝 떨어진 너서리룸이 천리나 떨어진 것처럼 멀게 느껴져서 아이를 데려와 그냥 옆에 재우고 싶은 마음도 간절했다.

그러나 그 고비를 넘기자 아이가 통잠을 자기 시작한 이후로는 나도 숙면을 취할 수 있었고, 아이는 너서리룸에 있는 크립에 누우면 잠을 자는 시간이라는 것을 인식하면서 쉽게 잠들었다. 미국의 아기들은 이렇게 태어나자마자 자신만의 독립된 공간에서 생활을 시작하고 배운다. 그렇기에 엄마 아빠가 가장 사랑과 애정을 담아 꾸미는 공간이 바로 아이 방이 아닐까 싶다. 내 아기에게 처음은 그게 무엇이 되었든 소중하고 의미가 있다. 내 아기의 첫 배냇저고리, 첫 침대, 그리고 엄마 뱃속에서 나와 처음 가져보는 자신만의 공간, 아기 방… 그 어떤 공간보다 아기에 대한 설렘과 엄마 아빠의 바램이 듬뿍 담긴 곳이다.

나는 중학교 1학년이 되어서야 나만의 방이 생겼다. 부모님은 나의 첫 공간을 예쁘게 꾸며 주기 위해 주니어 가구 세트를 장만해서 내 방에 넣어 주셨다. 그 곳에서 내가 좋은 꿈을 꾸고, 큰 꿈을 품고, 그 꿈을 키워 가기를 바라셨을 것이다. 내가 우리 아이들 방을 꾸며 주면서 가졌던 바람처럼 말이다. 이것은 시간이 지나도, 세대를 거쳐도 다르지 않고, 변하지도 않는다. 작은 손가락을 꼬물거리던 아기들이 자라 어린이가 되고, 너서리룸이 아닌 어엿한 빅보이 룸으로 바꿔줘야 할 때도 변함없는 것은 이 공간에 담았던 나의 애정과 바람이었다.
단순히 잠자는 방이 아니라, 자는 동안 좋은 꿈을 꿀 수 있는 방…
엄마와 함께 잠들지 않아도 엄마 품처럼 포근하고 따뜻함이 느껴지는 방…
그리고 무엇보다 아이가 집에서 가장 좋아하는 방…
우리 집에서 가장 많은 바람이 담긴 곳이 바로 아이들 방이다.

◆ 아이 방 스타일링

아이들은 대부분의 시간을 거실에서 보내기 때문에 아이 방은 사실상 책을 읽거나 잠을 자는 공간이다. 그래서 차분해진 마음으로 책을 읽고 잠들 수 있는 공간으로 꾸미고 싶었다. 유치원생과 초등학교 2학년생 남자 아이들 방이기 때문에 너무 유아스럽지 않게, 그러나 귀여운 느낌이 날 수 있도록 소품들을 활용해 장식했다. 침대 배치는 양 옆으로 나누어, 같은 방 안에 있지만 독립된 개인 공간이 있는 것처럼 느낄 수 있게 하고, 이름의 첫 알파벳 사인을 달아 각자의 공간을 정해 주었다. 침대 사이에는 책장을 두어 각자의 나이트 램프와, 책을 수납하는 수

낮함이 두 아이 모두 손 닿기 쉽도록 배치했다.

◆ 스타일링 색상

이사 온 후 직접 하나씩 업그레이드를 하다 보니 아이들 방은 순서가 뒤로 밀려 페인트 색을 맞춰 주지 않았지만 연한 블루 느낌이 나는 밝은 그레이 톤으로 칠할 예정이기에 그에 맞춰 메인 컬러는 밝은 그레이, 화이트로 정하고, 악센트 컬러는 네이비, 블랙 컬러로 정했다.

이사 전에 살던 집에서는 아이들 방을 각각 꾸며 주었는데, 그때 큰 아이 방은 블랙 화이트 그레이가 테마색이었고, 둘째 아이는 그레이 화이트 네이비가 테마색이었다. 지금 집에 꾸며준 소품들 그대로지만, 테마색을 어떻게 정하느냐에 따라 아이 방 분위기가 바뀔 수 있다.

화이트 컬러에 블랙 라인과 테슬이 악센트가 될 수 있는 커튼으로 아이들 방의 전체적인 테마색에 맞췄다. 두 아이의 침구 세트는 통일감과 정돈된 느낌이 들도록 똑같은 제품으로 선택했고 매트리스 커버, 이불 모두 화이트, 블랙, 그레이 패턴으로 테마색에 맞췄다.

아이들의 침대이기에 귀엽고 폭신폭신한 쿠션을 포인트로 놓아주었다.

의자 사이에 이불을 걸쳐 놓고, 동굴 같은 공간을 만들어 그 안에서 놀거나 책을 읽기 좋아하는 아이들을 위해서 티피 텐트를 설치했다. 아늑한 분위기 연출을 위해 별 모양 전구를 달고, 부드러운 블랭킷과 쿠션으로 그 안을 데코했다.

리폼 전

리폼 후

방의 테마색에 맞춰 나이트 램프를 그레이 컬러의 스프레이 페인트로 칠해 재사용했다.

구글 이미지 검색으로 귀여운 이미지를 프린트한 후 액자에 넣어 책장 위를 장식했다. 책장 위와 선반의 소품들은 하비라비에서 구입하고, 아이들의 장난감을 활용하기도 했다.

아이들이 아끼는 책과 자기 전에 읽는 책은 수납함에 수납한다. 필요한 책은 도서관에서 빌려서 본 후, 꼭 소장하고 싶은 책만 구입하고, 더 이상 필요가 없는 책은 기부하거나 중고로 처분해서 책 수납 공간 이상으로 책이 늘어나지 않도록 한다.

큰 아이의 아이디어로 빨래 바구니 위에 농구대 그림을 붙여서 빨아야 될 옷들은 농구대를 통해 빨래 바구니에 던져 넣는 놀이로 두 아이 모두 바닥에 옷을 벗어 놓는 습관을 고칠 수 있었다. 이후에 농구대 그림 대신에 아이들의 낡은 장난감 농구대를 테마색에 맞게 페인트칠해서 붙여주었다.

장난감

뚜껑이 있는 수납함에 장난감을 종류별로 나눠서 수납하고 라벨링을 했다. 뚜껑이 있는 수납함은 쌓아서 수납할 수 있어 적은 공간에 더 많이 수납할 수 있다. 수납함 뒤쪽에 장난감의 사진을 붙여 두면 아이가 글을 몰라도 장난감의 제 집을 찾아 줄 수 있고 스스로 장난감을 분류하는 방법도 익히게 된다.

수납함 앞면   수납함 뒷면

늘어나는 장난감으로 수납 공간이 부족하지 않도록 새로운 장난감이 생기면 오래된 장난감을 처분하여 새 장난감의 공간을 확보한다.

옷 수납

수납장에 라벨링을 해서 스스로 필요한 옷을 찾아 입을 뿐만 아니라 세탁이 끝난 옷을 제자리에 찾아 넣을 수 있다.

옷은 세로로 세웠을 때 쓰러지지 않는 방법으로 개켜서 파일형 수납방법으로 수납했다. 수납된 모든 옷은 한눈에 보이기 때문에 원하는 옷을 쉽게 찾아 꺼내 입을 수 있다. 가로 수납법에 비해 옷을 꺼낼 때 다른 옷이 흐트러지거나 잘 쓰러지지 않기 때문에 늘 정돈된 상태로 유지하기 쉽다.

상의와 하의를 따로 구분해서 수납했지만 잠옷이나 내복은 상하의가 세트로 된 경우가 많아 함께 수납하고, 하의가 상의를 감싸는 방법으로 개켜서 각각 따로 찾는 불편함 없이 한 번에 상하의를 찾을 수 있다.

외투는 걸어서 수납하고, 옷걸이는 한 종류로 통일해서 단정해 보이도록 했다. 흰, 빨, 주, 노, 초, 파, 남, 보, 검 컬러 순서대로 비슷한 색상의 옷끼리 모아서 걸어 두면 정돈된 효과를 줄 수 있다.

T.I.P | 무릎이 찢어진 바지 활용 ────────────────────────

아이들 옷은 무릎 부분이 쉽게 헤지거나 찢어지는 경우가 많다. 다른 곳은 새것처럼 깨끗하고 멀쩡한데 무릎 부분이 찢어져서 못 입게 될 경우, 패치를 덧대서 가려줘도 좋지만 무릎 부분을 자른 후 밑단을 접어 올려 반바지를 만들면 한두 해는 거뜬히 더 입힐 수 있다.

──

게스트룸

둘째 아이의 방이 될 예정이었지만 아이들이 함께 방을 사용하기를 원했기에 남은 여분의 방을 게스트룸으로 꾸몄다. 같은 미국에 살고 있지만 자동차로 29시간, 비행기로 5시간의 거리에 살고 계시는 시부모님이 방문을 하시거나 한국에 계신 부모님이나 가족, 친구들이 방문했을 때 편하게 지내다 갈 수 있는 프라이빗한 개별 공간이다. 밝고 환한 분위기와 편안하고 깨끗한 잠자리가 마련되어 있어 방에 들어섰을 때, 이 방에 묵어 가는 손님들이 환대받는 느낌을 느낄 수 있었으면 하는 나의 바람을 담았다.

◆ 스타일링 색상

장거리의 여정으로 와서 지내다 가는 손님들이 사용하는 방이니만큼 무엇보다 청결한 인상을 주는 것이 중요하므로 메인 색상은 화이트와 블루 톤의 그레이로, 게스트룸에 들여 놓을 침대 프레임이 블랙 컬러에 골드 포인트가 들어가 있어 악센트 컬러는 블랙과 골드로 정했다.

◆ 셀프 업그레이드 과정

1 방 전체를 벤자민 무어의 Chantilly lace OC-66 컬러로 칠했다. (우드 패널을 덧댈 부분은 제외)

2 보드앤배튼 벽Board and Batten Wall을 만들기 위해 우드 패널을 덧대어 네일건으로 고정하고, 벽과 패널 사이의 이음새 부분은 실리콘으로 마감해 주었다.

3 실리콘이 건조된 후, 벤자민 무어의 Silver Half Dollar 2121-40 컬러로 칠을 했다.

◆ 스타일링 포인트

침대 프레임인 블랙 컬러에 맞춰 헤드 프레임 위쪽의 벽에 블랙 프레임의 액자를 걸었다. Etsy 샵에서 black and white 2 piece wall art, landscape print set를 검색어로 사용, 선택한 그림을 구입, 프린트한 후 액자에 넣었다. 악센트 월의 컬러와 매치되도록 그레이 컬러의 커튼을 달았다.

　깨끗하고 청결하게 보일 수 있도록 화이트 컬러의 이불 커버를 사용했고, 매트리스와 이불을 커버하는 시트는 블루 톤을 사용해서 침구에 약간의 컬러감을 더했다. 아늑한 느낌이 들도록 샴(장식용 직사각형 베개) 세트를 추가하고, 장식용 쿠션을 올려 침대 위를 장식했다. 오른쪽 협탁 위에는 나이트 램프, 몬스테라(생화), 매듭 오브제로 장식하고, 장식용 책을 받침대로 활용했다. (집 꾸미기 법칙 - 3품법)

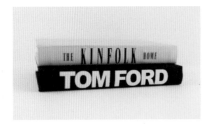

1 오래되고 컬러가 어울리지 않는 장식용 책을 흰색과 검정색 아크릴 페인트로 칠했다.

2 구글 검색으로 패션 또는 인테리어 매거진의 브랜드 네임 폰트를 검색한 후 스티커 메이커로 만들어 붙였다. 스티커 메이커가 없다면 레터링 스티커를 구입해 붙일 수 있다.

마스터 베드룸 매듭 오브제 DIY 참고(181~182p)

1 지점토를 길게 만들어 매듭을 만든 후 완전히 건조될 때까지 약 이틀 정도 그늘진 곳에 둔다.

2 건조된 매듭 오브제를 매트한 검정색 스프레이 페인트로 칠한다.

3 골드 컬러의 아크릴 페인트를 스펀지에 묻혀 톡톡 두들기듯 색을 입힌다.

왼쪽 협탁 위에는 나이트 램프, 녹색 조화 식물, 악센트 컬러인 골드 프레임의 장식용 액자로 장식했다. (집꾸미기 법칙 - 3품법)

액자 속에는 이 방에 묵게 될 방문객의 사진을 그때마다 넣어, 손님들이 이 방에서 지내는 동안 정말 편안한 자신만의 공간으로 느낄 수 있도록 한다. 사진이 없는 손님이 머물 경우를 대비해 Be our guest 라는 환영 문구를 넣어 손님만을 위해 준비된 공간이라는 인상이 들 수 있도록 했다. 허전한 침대 옆쪽의 벽에는 골드 프레임의 빈티지 그림 액자를 걸어 악센트 컬러를 맞췄다.

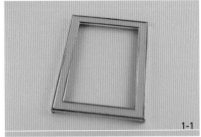

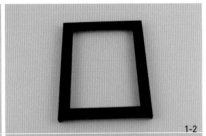

1 유행이 지나 사용하지 않는 액자를 활용해서 게스트룸의 컬러와 매치되는 액자를 만들기 위해 매트한 타입의 검정색 스프레이 페인트로 프레임을 칠했다.

2 골드 컬러의 아크릴 페인트를 스펀지에 묻혀 톡톡 두들겨 주듯이 칠한 후 건조한다. 브러시로 칠하거나 스펀지로 문지르게 되면 밑바탕 색인 검정색이 완전히 덮이게 되어 노란색이 도는 골드 컬러가 되어 버리기 때문에 스펀지로 톡톡 두들기는 방법으로 자연스럽게 검정색과 골드 컬러가 조화되어 보일 수 있도록 한다.

미국에서 침구 세트를 구입하면 대부분 fitted sheet, flat sheet가 포함되어 있다. fitted sheet는 매트리스를 감싸는 용도이고, flat sheet는 fitted sheet위에 깔지만 잠잘 때는 flat sheet 아래로 들어가 자기 때문에 이불의 오염 방지 용도이다. 몸이 직접 이불에 닿지 않기 때문에 무겁고 두꺼운 이불을 자주 세탁하는 대신, 이 flat sheet만 일주일에 한두 번 정도 세탁을 해주면 된다. 사용하는 침구 종류에 따라 침대 정리법은 여러 가지가 있지만 컬러감이 있는 fitted sheet와 flat sheet를 이용한 미국식 기본 침대 정리법을 알아보자.

1 고무밴드가 들어 있는 fitted sheet로 침대 매트리스를 커버한다.

2 flat sheet를 뒤집어서 무늬가 있는 부분이 매트리스 바닥으로 향하고, 무늬가 없는 뒷부분이 위로 올라오도록 해서 펼친다.

3 침대 발치에서 시작해 2/3 되는 지점까지 매트리스 아래로 flat sheet를 끼워 넣고, 나머지 부분은 남겨 둔다.

4 flat sheet위에 이불을 펼치고, 침대 발치 부분의 이불은 프레임과 매트리스 사이로 끼워 넣어 고정시킨다.

5 헤드보드 부분으로부터 1/3 되는 지점까지 이불을 접는다.

6 그 아래에 깔려 있는 flat sheet로 이불
　의 접힌 부분을 감싼다.

7 베개와 쿠션으로 침대 위를 장식한다.

침대 위를 쿠션으로 데코하는 것도 디자이너들이 추천하는 팁이 있다. 물론 취향과 개성에 따라 여러 가지 방법이 있지만 인테리어 초보였던 나는 디자이너들이 추천하는 가장 기본적인 팁을 참고로 해서 데코하는 것이 쉬웠기에 그 팁을 공유해 보고자 한다.

1   침대 위에 믹스 매치할 쿠션을 고를 때는 단색 쿠션, 패턴 쿠션, 질감이 있는 소재의 쿠션(짜임 무늬가 있거나 입체적인 패턴이 들어 있어 질감을 느낄 수 있는 것)을 믹스해서 스타일링을 하면 단조롭지 않으면서도 조화롭게 매치할 수 있다.

2   단색 쿠션은 가장 기본이 되는 흰색을 고르거나, 그 공간 인테리어의 포인트가 되는 컬러, 베딩 세트의 포인트 컬러, 또는 패턴 쿠션의 컬러와 톤이 비슷한 것, 스로우 블랭킷의 컬러와 비슷한 것으로 고른다. (믹스 매치 쿠션 선택 요령 사진 참조)
    스트라이프 패턴 쿠션, 단색 쿠션 (스로우 블랭킷과 핑크 색상 매치), 짜임이 들어 있어 입체감이 있는 질감 쿠션

3   쿠션 배치의 구도는 역삼각형을 이루도록 한다. 쿠션의 크기와 개수를 각각 다르게 3개, 2개, 1개 순으로 배치하면 자연스러운 역삼각형을 만들 수 있다.
    예) 60cm 쿠션 (약 24인치 쿠션) 3개, 50cm 쿠션 (약 20인치 쿠션) 2개, 45cm 쿠션 (약 18인치 쿠션) 1개 (쿠션배치 역삼각형 사진 참조)

이 두 가지의 팁을 기본으로 해서 쿠션 소재와 색을 선택하고, 쿠션을 배치하면 더욱더 아늑하고 예쁜 침대 공간을 연출할 수 있다.

쿠션 콤비네이션의 또 다른 예

<〈방법 1〉>
샴 2개 (장식용도의 직사각형 베개)
수면용 베개 2개
45cm (약 18인치) 쿠션 2개
악센트 쿠션 1개 (약26X14인치)

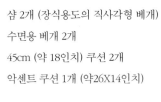

<〈방법 2〉>
수면용 베개 2개
샴 2개 (수면용 베개와 샴 2개를 눕혀서 배치)
55cm(약22인치) 쿠션 2개
45cm(약 18인치) 쿠션 1개

<〈방법 3〉>
샴 2개
55cm (약22인치) 쿠션 2개
45cm(약18인치) 쿠션 2개
50cm X 40cm 악센트 쿠션 1개

제품 참고 **침대** | IKEA, SAGSTUA queen bed frame
베딩 시트 세트 | Marshalls
스로우 필로우(쿠션) | Marshalls
나이트 램프 | Target, Turned Ceramic Table Lamp White-Threshold
블랙 프레임 벽걸이 액자 | IKEA, RIBBA 19 ¾x27 ½ " (접착은 이케아 양면 테이프 사용)
빈티지 골드 프레임 월 아트 | Target, Sailboats Framed Wall Canvas - Threshold

오피스룸

컴퓨터로 작업을 하거나 손으로 무엇인가 만들기를 좋아하는 나에게는 독립된 작업 공간이 필요했다. 물론 나뿐만 아니라 남편에게는 컴퓨터 게임을 하는 휴식 공간이기도 하고, 아이들은 숙제를 하거나, 그림을 그리고 만들기를 하는 공간이다. 특히 나는 잠을 자는 공간과 작업 또는 공부 공간은 확실히 분리되어 있는 것이 좋다고 생각한다. 잠을 자는 침실에서는 온전히 휴식을 취하고, 편안하게 쉴 수 있는 공간이여야 하고, 공부를 하는 공간은 집중에 방해되는 요소나, 몸을 나른하게 만드는 요소가 없어야 더 능률적이라고 생각하기 때문에 앞으로 아이들이 각자의 방을 갖게 되더라도 침대와 책상은 같은 공간에 두지 않을 것이다. 그래서 우리 가족 모두에게 오피스룸은 필수 공간이다.

◆ 스타일링 색상

오피스룸의 책상이 우드 소재와 화이트 서랍장, 그리고 의자가 검정색으로 이미 세 가지 정도의 컬러가 정해져 있어서 이 컬러에 소품이나 소가구를 맞추는 것으로 했다. 오피스룸은 작업과 공부 등 집중력을 발휘해야 하는 공간이므로 주의가 산만해지지 않도록 심플하고 단순하게 꾸미고자 했다.

◆ 스타일링 포인트

아이들과 이 공간을 함께 사용할 때 공간과 시간의 낭비 없이 효율적으로 사용하기 위해 책상을 T 형태로 배치했다. 내가 작업을 하는 동안, 아이들은 숙제를 하거나 크래프트를 하고, 도움이 필요할 경우, 바로 옆에서 봐주거나 도와줄 수 있는 배치이다. 또 아이들은 마주 보며 앉을 수 있기 때문에 필요한 도구 사용을 함께 공유하기도 편하다.

다만 이런 가구 배치를 위해서 적당한 길이와 적당한 너비의 책상이 필요했는데 기존의 책상은 너비가 너무 넓거나, 컴퓨터 책상은 너비가 좁거나 해서 공간 활용을 제대로 할 수 없었다. 그래서 이케아의 싱크대 상판으로 판매되는 제품을 구매한 뒤, 방 크기에 맞게 잘랐다. 그리고 이케아에서 구입한 서랍장과 책상 다리를 각각 달아주었더니 완벽하게 맞춤 제작한듯한 책상이 완성되었다.

제품 참고 **책상 상판** | IKEA - KARLBY countertop, walnut/veneer
책상 다리 | IKEA- ADILS leg white

책상 위의 허전한 벽 위에는 선반을 대칭되도록 각각 2개씩 달았다.

녹색 조화, 작은 화병, 책 등 세 종류의 소품들을 사용해서 데코했다. (집 꾸미기 법칙 - 3품법, 3그룹법)

저렴한 유리 화병을 구입해 검정색 스프레이 페인트를 뿌린 후, 스펀지에 여러 가지 색을 섞어 한 방향으로 문질러 주는 방법으로 오래되고 낡은 빈티지 화병의 효과를 냈다.

위의 선반과 아래 선반의 소품들이 중복되지 않도록 사선으로 배치했다. (집 꾸미기 법칙 - 사선배치법)

양쪽의 선반은 대칭형 스타일링 Tip에 따라 '쌍둥이처럼, 그러나 조금은 다르게' 스타일링한다. 소품의 종류와 소품 배치 패턴을 동일하게 해서 쌍둥이 같은 효과를 주고, 소품 디자인은 조금씩 다른 것을 사용해서 완전히 똑같은 느낌이 들지 않도록 한다.

소품 배치 패턴

좌	우
액자, 액자, 그리너리	화병, 그리너리, 액자
그리너리, 원형 소품, 세로 소품	세로 소품, 원형 소품, 그리너리

선반과 선반 사이의 허전한 벽에는 가족의 라스트 네임 첫 알파벳이 들어간 월 아트 스티커를 주문해서 블랙보드 액자에 붙여 걸었다.

오피스룸의 한쪽 벽면에 있는 벽장은 오피스룸의 특성상 옷을 수납할 필요는 없기에 이 공간을 서류 보관하는 공간으로 사용한다.

둘째 아이가 큰 아이와 방을 합치면서 둘째 아이 방에 있던 책장과 수납함을 오피스룸으로 옮겨 재사용 하기로 했다. 수납함 속에는 파일 바인더를 수납하고, 파일 바인더 안에는 집 매매 서류, 세금 서류 등 아주 중요한 서류들을 보관한다.

결혼 증명서, 출생 증명서, 아이들 예방 접종 증명서 등 각종 증명서나 중요 서류들은 바인더 안의 파일 속에 넣어, 카테고리 별로 바인더를 분류해서 보관한다. 필요할 때 찾기 쉽고, 오염되거나 시간이 지남에 따라 서류가 너덜너덜해지는 것을 방지할 수 있다.

중요 서류 외에 일상적으로 늘 정리해야 하는 서류들, 각종 세금 서류, 청구서, 우편물, 기념일 카드 등은 제 자리가 없으면 처리될 때까지 식탁 위나, 아일랜드 위에 그대로 쌓이기 쉽다. 그때그때 처리하거나 잠시 보관했다가 처분해야 하는 것들은 파일 꽂이에 종류별로 분류해서 보관하고 처리가 끝난 것들은 처분하거나 중요 서류들은 다시 바인더로 옮겨서 보관한다.

제품 참고 파일 정리함 | IKEA, TJENA magazine file

아이들이 학교에서 받아오는 공문, 또는 과제, 날짜를 기억해야 하는 이벤트 등 아이들과 공유해야 하는 중요한 사항들은 잊어버리지 않도록 초크보드에 써놓고 서로 리마인드 한다. 또 아이들이 학교 수업 시간에 그린 그림이나 크래프트 같은 것들도 초크 보드에 며칠간 붙여 두거나 이 책장 위에 올려 두면 아이도 자신의 결과물에 대해 뿌듯함을 느낀다.

아이들 문구류는 서랍에 보관했더니 필요한 문구를 그때마다 서랍에서 찾아 쓰고, 다시 사용한 후에 제자리에 돌려놓기가 잘 되지 않았다. 보통 아이들이 크래프트를 할 때 여러 가지 도구를 함께 사용해야 하기 때문에 크래프트를 하는 동안 책상 주변이 정리가 되지 않고, 여기저기 늘어져 있는 도구들로 공간을 효율적으로 사용할 수 없다는 것도 단점이었다. 그래서 아이들이 숙제나 만들기 등을 할 때 필요한 도구들을 한꺼번에 수납할 수 있는 수납함을 마련해서 각각의 문구류의 제자리를 만들어 주고, 라벨링을 했다.

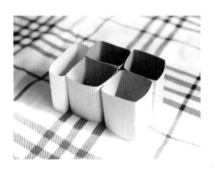

휴지심을 잘라서 직사각형 모양이 되도록 접은 후 문구류 수납함에 끼우면 크레용이나 볼펜 등 섞이기 쉬운 것들을 쉽게 정리할 수 있고, 공간이 비더라도 쓰러지지 않아서 좋다.

제품 참고 문구류 수납함 | Amazon, mDesign large plastic divided office storage organizer

크래프트 도중에 필요한 도구를 찾기 위해 서랍까지 몇 번이고 왔다 갔다 하지 않아도 되고, 바로 찾아 쓸 수 있는 것은 물론이고, 다 쓴 도구들은 바로 제자리에 돌려놓을 수 있어 공간도 효율적으로 쓸 수 있고, 정리 정돈도 훨씬 쉬워졌다.

뚜껑이 있는 마커나 사인펜 등은 아
이들이 사용하면서 뚜껑을 잃어버려
서 잉크가 말라 사용할 수 없게 되거
나, 여러 가지 색깔 중 잃어버리는 색
깔도 생긴다. 이럴 때 뚜껑끼리 글루
건이나 접착제로 붙여 놓으면 잃어버

리는 컬러가 생기거나 뚜껑을 잃어버려 사용할 수 없게 되는 일이 없다. 힘 조절
이 잘 안되는 아이들의 경우 글루건 또는 접착제로 붙인 후, 테이프로 한 번 더
전체적으로 감아 주면 떨어지는 일 없이 튼튼하게 오랫동안 사용할 수 있다. 새
제품은 뚜껑을 열고 닫기가 힘들 수 있으므로 여러 번 뚜껑 여닫기를 반복해서
뚜껑과 마커가 부드럽게 빠질 수 있도록 한 후에 모든 마커를 접착제로 붙이면
손쉽게 뚜껑을 여닫을 수 있다.

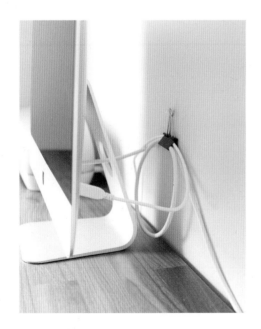

책상 아래로 컴퓨터 선 등이 늘어
져 지저분하게 보이지 않도록 바인더
클립으로 집어서 컴퓨터 뒤쪽 벽에 걸
었다.

단독 주택이 많은 미국에는 야외와 실내를 이어주는 공
간, 포치(porch)가 있다. 처음 이곳에 이사왔을 때 아이
들과 산책을 하며 집집마다 개성 있게 꾸며 놓은 계절
장식을 구경하는 것이 하나의 재미였다. 똑같아 보이
는 현관도 계절과 절기마다 그에 맞는 현관 장식을 해
주면 단순히 집으로 들어가는 문 이상의 의미가 된다.
지금처럼 이웃과 마주치거나 어울리기 힘든 때에는 집
주인을 대신해 이웃에게 인사를 건네고, 경계를 허물어
주고, 집을 방문하거나 집 앞을 지나치는 사람들에게
소소한 눈요깃거리가 되기도 한다. 집의 첫 인상이 되
는 작지만 의미 있는 공간이다.

프런트 포치

많은 미국의 단독 주택에는 야외 공간에서 현관문으로 들어오는 입구에 지붕이 있는 포치라는 공간이 있다. 실내와 실외를 이어주는 공간으로 현관 앞에 있는 것은 프런트 포치front porch, 뒷마당으로 나가는 문이 있는 공간은 백 포치back porch, 지붕이 없으면 패티오patio, 바닥이 지면보다 높이 떠 있으면 덱deck이라고 부른다.

미국인들은 특히 이 프런트 포치 공간을 장식하는 데 무척이나 많은 정성을 쏟는다. 포치 앞에 간이 의자 등을 놓아두고, 현관문에는 계절에 어울리는 조화 리스를 걸고, 포치 주변에는 꽃이나 화분 등을 아기자기 놓아둔다. 봄에는 알록달록한 색깔의 꽃들로, 여름이 오면 독립 기념일 장식인 성조기 관련 장식품들을 더하고, 가을이 오면 소국과 호박 등으로 장식한다. 겨울이면 누구에게 질세라 크리스마스 장식에 열을 올린다.

첫 계절의 시작과, 마지막 계절의 끝을 알리는 공간이 바로 이 프런트 포치이다. 미국에 이민 온 지 오래되지 않았을 때 아이들과 함께 동네를 산책하며 집집마다 개성 있는 계절 장식을 구경하는 것이 큰 즐거움이었다. 어느덧 미국 생활에 익숙해지고, 마음의 여유가 생겨 나도 현관 앞 포치 공간 장식을 시작하고, 그 열의는 점점 더해져 갔다.

그러던 어느 날 오후 밖에서 놀고 있는 아이들을 지켜보며 현관 앞 흔들 의자에 앉아 있었는데 개를 데리고 산책하던 낯선 이웃이 인사를 건네며 말을 걸어왔다.

"프런트 포치 장식이 너무 예뻐요, 항상 산책할 때마다 여기를 지나치는데 계절이 바뀔 때마다 이 집의 프런트 포치가 어떻게 바뀔까 너무 궁금하고 기대돼요, 산책길에 즐거움을 줘서 고마워요."

뜻밖의 감사 인사를 받게 되자 프런트 포치를 장식하는 것은 그저 집을 예쁘게 꾸미는 것 그 이상의 의미가 있다는 것을 깨닫게 되었다. 예전에 아이들과 동네 산책길에 예쁜 현관 장식들이 보이면 만나본 적 없는 집주인의 집에 대한 애정과 사랑이 느껴졌고, 마음이 따뜻해졌던 기억이 떠올랐다. 아마 그 이웃도 나를 알지는 못했지만 우리 집 앞을 지나치며 계절마다 바뀌는 장식을 보고 내가 느꼈던 그 마음을 느꼈기에 열린 마음으로 먼저 고맙다고 말할 수 있었을 것이다. 현관 앞 장식은 그렇게 나를 대신해 내 이웃들의 마음을 녹이고, 경계를 허물게 해주었다. 그래서 이 공간은 나를 대신하는, 나의 얼굴과도 같은 공간으로 여기며 내 가족뿐만 아니라 산책으로 지나치는 내 이웃들에게도 소소한 눈요깃거리가 되는 공간으로 장식하려고 노력한다. 그래서였는지 이사오고 1년이 넘도록 마주쳐도 인사 한번 건네지 않던 이웃도 어느샌가 우리 집 현관 장식을 칭찬하며 말을 걸어오기도 하고, 핼러윈 때는 아장아장 걷기 시작한 아기가 우리 집 현관 앞에 앉아 핼러윈 기념 사진을 찍는 등 포토 스팟이 되기도 했다.

◆ 프런트 포치 스타일링 포인트

프런트 포치는 우리 집의 얼굴이라는 마음가짐으로 항상 예쁘게 단장하고 있는 느낌을 주기 위해 애쓰는 공간이다. 이사 온 첫 해인 작년 봄부터 조금씩 장식하기 시작해서 시즌마다 새 옷을 갈아입듯, 데코를 바꿔가며 그렇게 한 해를 보내고 새롭게 찾아온 봄에 다시 새봄맞이 포치 장식을 했다.

작년 봄부터 겨울 크리스마스까지의 프런트 포치

현관문 위에는 봄 시즌에 어울리는 연한 핑크 컬러의 조화로 만든 리스를 걸었다.

현관문 아래에는 블랙 앤 화이트 체크 무늬의 작은 러그를 깔고 그 위에 welcome 사인이 있는 발 매트를 레이어드 했다.

현관문 양쪽에는 대칭되도록 각각 인조 박스 우드 화분을 놓고, 봄의 화사함을 더하기 위해 핑크 수국 화분을 양쪽에 대칭되도록 각각 놓아두었다.

왼쪽의 코너 공간이 가득 차 보이고, 풍성해 보이도록 꽃 화분을 추가했다.

T.I.P | 화사하고 풍성한 꽃 화분 만들기 ────────────

생화 사이사이에 산뜻한 색감의 조화를 군데군데 꽂아 두면 훨씬 더 다채롭고 풍성한 느낌의 꽃 화분을 연출할 수 있다. 게다가 봄, 여름을 지나면서 수명을 다한 생화는 잘라내고, 조화만 남겨두어 가을 시즌까지 예쁘게 현관 인테리어를 유지할 수 있어 일석이조다. 해가 강렬해 조화의 색바램이 일어날 수 있으므로 방지하기 위해 썬 쉴드 스프레이(Sun shield spray)를 뿌려주면 오래도록 색바램 없이 인테리어를 즐길 수 있다.

제품 참고 | **썬 쉴드 스프레이** | Amazon, Scotchgard sun & water shield

포치의 오른쪽에는 아이들이 동네 아이들과 밖에서 놀 때 지켜볼 수 있도록 블랙 컬러의 흔들 의자와 작은 협탁을 놓았다.

흔들의자 아래에는 블랙 앤 화이트 체크무늬의 러그를 깔아 실외라고 하더라도 작은 아늑함을 느낄 수 있도록 했다.

제품 참고 블랙 체크 무늬 러그 | Amazon, Plaid Black White Outdoor Rug 4X6

흔들의자 위에는 의자와 러그가 매치될 수 있도록 블랙 앤 화이트 스트라이프 무늬의 쿠션을 올려 두어 인테리어 콘셉트를 강조했다. 협탁 위에는 생화 Fern (고사리)을 올려 두었다. 흔들의자 뒤쪽으로는 벽걸이 바구니에 조화들을 꽂아 알록달록한 봄꽃의 느낌을 더했다.

포치의 천장 아래에는 무거운 도기 소재의 풍경을 달아 고즈넉한 느낌을 주
지만 왠만한 바람에는 소리를 내지 않아 이웃에 민폐가 되지 않도록 했다.

제품 참고 풍경 | hobby lobby, natural rainbow bell wind chime

현관

미국집은 실내로 들어오는 대문을 열면 한국의 현관에 해당하는 포이어foyer라는 복도가 바로 나온다. 한국의 현관은 실내와 실외를 구분하는 공간으로 신발을 벗는 장소이기 때문에 신발장이 설치되어 있지만, 미국집의 현관은 신발을 벗는 공간이 따로 없고, 신발장이나 신발을 수납할 수 있는 공간도 따로 없다. 코트를 벗어서 걸 수 있는 코트 클로젯coat closet이 현관 근처에 있어서 매일 신고 벗는 신발 한두 켤레 정도는 놓아둘 수 있지만 나와 가족들의 수많은 신발들을 수납하는 목적의 슈 클로젯shoe closet은 아니다.

한국에서도 엄청난 인기를 끌었던 미드 〈섹스앤더시티〉를 기억하는가? 패셔니스타 커리어 우먼인 주인공 캐리의 클로젯이 종종 화면에 비춰지는데 그녀의 수많은 구두가 침실과 욕실 사이에 위치한 클로젯 한 켠에 진열되어 있는 것을 볼 수 있다. 좌식 생활이 익숙한 우리에게는 방 안에 신발이 있다는 게 좀 이상하게 느껴지기도 하는데, 미국에서는 신발을 방 안의 클로젯에 수납하는 것이 일반적이다. 신발 정리 아이디어를 위해 구글에 'how to organize shoe'만 검색해봐도 클로젯 안에 옷과 함께 정리된 영상이 수두룩하게 나온다.

미국에서는 집 안에서 신발을 신고 있어도 전혀 이상하지 않은 문화이다. 실내에서 신발을 벗고 생활하는 것을 당연하게 여기며 살아온 나에게는 정말 적응하기 힘든 문화였다. 내 집에서는 방문객들이 신발을 신고 돌아다니는 것이 불결하고 비위생적으로 느껴져 마음이 불편했고 반대로 내가 남의 집을 방문했을 때는 괜히 미안한 마음이 들어 안절부절했다.

우리나라도 생활환경이 서구화되어 식탁, 소파, 침대를 사용하게 되었지만 바닥 난방 시스템 때문에 지금도 여전히 바닥에서의 주요 생활이 많은 편이다. 하지만 미국은 바닥에 직접 접촉할 필요가 없이 식탁에서 밥을 먹고, 침대에서 잠을 자고, 소파에서 티브이를 본다. 집 안의 바닥이 우리네 온돌바닥처럼 특별한 의미나 역할이 없다. 발을 디디는 그냥 바닥일 뿐이기 때문에 신발을 신고 다녀도 거리낄 것이 없다. 게다가 미국인들에게 신발은 외투와 같다. 외출을 위해 몸에 걸치는 의류의 최종 단계 같은 것이다. 이런 생활 환경과 개념의 차이로 신발 수납은 현관이 아닌 클로젯에 하는 것이다.

현관에 신발장이 없는 또 다른 이유는 주택에 거주하는 미국인들은 자동차를 이용해 외출을 하기 때문에 차고 문을 통해서 출입을 한다. 현관문은 주로 손님이나 방문객이 출입하는 곳이고, 잠시 내 집을 방문한 방문객에게 신발 벗는 것을 강요하지도 않는다.

물론 미국인들도 외출 후 집으로 돌아오면 편안한 옷으로 갈아입고, 신발을 벗고 생활을 한다. 집안에서 신발을 신고 생활하는 문화라기보다는 집 안에서 신발을 신어도 이상하지 않은 문화라 말한 이유가 여기에 있다. 한국인처럼 집안에 들어서자마자 신발을 벗고 생활하는 미국인들도 당연히 있다. 보통 차고에 따로 신발장을 두고 신발을 벗고 실내로 들어간다.

미국집의 현관은 신발을 신고 벗거나 신발 수납의 실용적인 목적보다, 손님을 초대했을 때 집의 첫인상을 심어주고, 환대 받는 느낌이 들 수 있도록 데코를 하는 장식적인 목적의 공간에 가깝다. 그래서 대부분 포이어에는 엔트리 테이블이라는 장식용 가구를 두고 그 위의 벽에는 그림이나 거울을 건다. 테이블 위에는 소품들을 올려 장식을 하고, 그 소품들은 시즌에 맞춰 교체한다.

한국의 주택이나 아파트에는 포이어라는 공간이 없어 이런 미국집의 인테리어를 활용할 수 없다고 생각할지도 모른다. 하지만 '현관'이라는 공간의 의미는 미국이나 한국이나 다르지 않다. 나와 내 가족의 공간으로 들어오는 통로이고 내 집의 첫인상을 좌우하는 곳이다. 한국의 아파트에는 장식용 가구를 놓을 공간은 없지만 신발을 신고 벗는 공간이 있다. 그 공간의 한구석에 스툴 같은 작은 의자나 협탁을 놓아두고 계절별로 소품을 올려두는 것만으로도 공간의 분위기가 달라질 수 있다. 벽에 그림을 걸거나 가족들의 사진을 통일된 액자 속에 넣어 걸어 두는 것도 멋진 데코가 된다. 현관 입구의 가족 사진은 이 집의 가족들이 방문객들을 환영한다는 느낌을 줄 수도 있다. 무심하기 쉬운 공간이지만 가족들과 방문객들에게 지나칠 수 없는 공간이기에 작게나마 의미를 담은 데코를 해보는 것도 좋을 것이다.

◆ 현관 스타일링 색상

아주 작은 공간인데다 원래 가지고 있던 벤치와 거울이 블랙 컬러여서 대비되는 화이트 컬러와 녹색 식물의 그린 컬러로 깔끔한 모던 팜하우스의 느낌을 연출하고자 했다.

◆ 현관 스타일링 포인트

집 안으로 들어와서 신발을 벗는 미국집의 특성상 현관문 앞에 블랙 화이트 컬러의 두꺼운 소재로 된 발 매트를 깔았다.

현관문의 오른쪽 벽에는 우드 프레임에 그리너리 그림이 그려진 월 아트를 걸고 그 아래에는 벤치보다 키가 높은 몬스테라 조화를 두어 허전해 보일 수 있는 공간을 채웠다. (집 꾸미기 법칙 - 그림 걸기, 녹색 식물)

제품 참고 조화 | IKEA-FEJKA Artificial potted plant monstera

키 작은 화분이나 조화 보다 키가 큰 것은 가격이 훨씬 비싸다. 그럴 때는 키 작은 녹색 식물을 구입 후 옮겨 담을 화분을 활용해 키를 높이는 방법이 있다. 받침대가 있고, 높이가 높은 화분 속에 책을 쌓아 올리거나 종이, 택배 포장 충전재 등을 채워서 조화의 키를 높여준다. 윗부분에는 모조 이끼나 녹색 종이 충전재로 화분 속이 보이지 않도록 덮어준다.

복도 오른쪽에 벤치를 두어 집을 방문한 손님이 벤치에 앉아서 신발을 신고 벗거나, 아이들을 앉혀 신발을 신기거나 벗길 때 편하도록 했다. 손님 신발을 수납하는 공간이 따로 없기 때문에 이 벤치 아래에 신발을 정리해서 놓아두기도 한다. (가족들은 차고를 통해서 드나들기 때문에 가족들의 신발은 차고에 있는 신발장에 수납하므로 현관에 신발장은 불필요하다)

벤치 위는 패브릭 쿠션을 활용해 시즌별로 분위기를 바꿀 수 있는 훌륭한 데코 공간이다. 평상시에는 메인 컬러인 블랙 화이트 체크 무늬와 home sweet home 쿠션으로 통일감 있게 공

간을 스타일링 한다. (집 꾸미기 법칙 - 패브릭 인테리어)

벤치 위의 벽에는 원형 거울을 걸어 허전한 벽면을 채웠다. 보통 미국의 집에서는 이 엔트리 웨이라는 공간에 엔트리 테이블을 놓고 삼각구도법으로 벽에는 거울을 걸고 테이블의 양쪽에는 나이트 램프를 각각 올리거나 나이트램프와 화병을 놓아두는 게 일반적이다.

벤치의 반대편 벽에는 풍경 수채화 그림을 걸었다. (집 꾸미기 법칙 - 그림 걸기)

Before   After

유행이 지난 그림 액자나 예전 집에 걸었던 그림이라 현재의 집과 분위기가 맞지 않을 경우 그림 액자를 처분하는 대신 액자 속의 그림만 바꿔주면 새로운 월 아트로 탄생시킬 수 있다. Etsy.com 에서 landscape water color wall art로 검색해서 빈티지 느낌의 풍경 수채화 그림을 구입한 후 출력해 액자 속의 그림을 교체했다.

중고 마켓에서 12불에 구입한 화분은 스프레이 페인트로 칠한 후 피들 리프 피그 생화 나무를 옮겨 심은 후 코너 벽에 두었다. (집 꾸미기 법칙 - 녹색 식물)

현관에서 거실로 이어지는 긴 벽에는 통일된 블랙 프레임 속에 가족 사진을 넣어 갤러리 월 스타일의 데코를 했다. 보통 벽에 가족사진을 거는 것을 촌스럽다고 여기는 사람들도 있지만 공간의 색과 프레임의 색을 통일하고, 사진 속의 컬러를 맞춰주면 가족사진도 훌륭한 월 아트가 될 수 있다. (집 꾸미기 법칙 - 그림 걸기)

백 포치

백 포치는 집안과 백 야드를 이어주는 지붕이 있는 공간으로 오픈되어 있는 공간이지만 우리 가족만의 프라이빗한 야외공간이다. 프런트 포치도 실외이기는 하지만 집 정면이 도로를 향하고 있는 경우가 대부분이라 산책하는 사람들, 도로가의 차들로 인해 프라이빗한 공간은 아니다.

실내에서 창을 통해 들어오는 햇살이 아닌, 직접 신선한 바람을 느끼고, 따뜻한 햇볕을 쬘 수 있는 안락한 야외 공간이 바로 이 백 포치이기 때문에 미국인들은 보통 아웃도어용 테이블과 의자 세트를 두고, 이곳에 앉아 담소를 나누며 시간을 보내는 것을 좋아한다. 무엇보다 백 야드를 연결하는 공간이기 때문에 어린 아이들이 있는 가정이라면 아이들이 백 야드에서 노는 것을 그늘 아래의 공간에서 지켜볼 수 있어 좋다. 야외 공간이고, 가족들만의 공간이기 때문에 프런트 포치에 쏟는 열정만큼 장식하는 데 열정을 쏟지는 않지만 잠시라도 실외 공기를 느끼는 동안 편안하고 안락하게 쉴 수 있는 공간 정도로 적당히 노력한다.

내가 사는 곳은 일 년 중 늦가을부터 초봄까지는 늘 흐리거나 부슬부슬 비가 내리는 날씨 때문에 늘 따뜻한 커피가 절실하다. 두세 달의 짧았던 한여름의 햇볕을 즐기던 백 포치는 가을이 되면 빗소리와 커피를 즐길 수 있는 나만의 야외 카페 공간이 된다. 남편이 출근하고, 아이들이 등교한 후 혼자서 무릎 담요를 덮고 조용히 커피를 마시며 사색하거나 글도 쓸 수 있는 나만의 공간이다. 차가운 비 냄새가 더해진 커피가 실내에서 마시던 커피보다 더 고소하고 진하게 느껴지는 것은 분위기 탓일지도 모른다.

◆ 백 포치 스타일링

집에 신선한 공기를 느끼고, 빗소리도 즐길 수 있는 노천 카페 같은 공간을 만들고자 했다. 집안일, 육아에서 잠시 휴식이 필요한 순간 실외로 나왔을 때도 편안하고 아늑한 느낌이 들었으면 했기에 푹신한 쿠션이 있는 패티오 세트 가구를 두었다.

◆ 백 포치 스타일링 색상

패티오 세트 가구의 프레임이 밝은 우드 톤이라 백 포치 공간의 스타일링 색상은 밝은 우드 톤에 블랙 컬러를 악센트로 정했다.

◆ 백 포치 스타일링 포인트

패티오 세트 아래에는 블랙 컬러의 스트라이프가 들어간 야외용 러그를 깔아 아늑함을 더했다. 실외에 러그를 까는 것이 찜찜하게 느껴질 수도 있겠지만 야외용 러그outdoor area rug는 물에 젖더라도 건조가 빠르다. 세탁은 파워 워시를 사용하거나 카펫 스팀 청소를 사용해서 시즌이 바뀔 때 한두 번 정도 해주면 된다.

패티오 소파 위에는 악센트 컬러인 블랙 스트라이프 패턴이 있는 쿠션을 올려 스타일링 컬러를 강조함과 동시에 더욱더 아늑한 느낌이 들게 했다.

패티오 테이블 위에는 원형 라탄 트레이 위에 녹색 조화와 시트러스 향의 캔들, 코스터(컵 받침)를 소품으로 올렸다. (집 꾸미기 법칙 - 3품법) 시트러스 향의 캔들은 야외 모기의 접근을 방지한다. 커피나 차가운 음료를 마실 때 컵에 맺히는 이슬이 바닥에 떨어지는 것을 방지해 주는 우드 소재의 감성적인 코스터는 기능성을 갖춘 인테리어 소품으로 활용하기 좋다.

다이닝 공간에서 백 포치로 나오는 문 옆의 디딤돌 양 옆에는 야외용 랜턴을 각각 하나씩 대칭되도록 두었다.

제품 참고 랜턴 | homegoods, bamboo lantern

해가 지고 난 후의 저녁 시간, 랜턴 안의 캔들은 백 포치 공간에 따뜻함과 감성적인 분위기를 업그레이드시켜준다.

코너 공간에는 인조 팜트리를 화분에 넣어 공간에 녹색을 더했다. (집 꾸미기 법칙 - 녹색 식물) 인조 팜트리는 화분으로 벌레들이 모여들어 패티오 가구 주변에 벌레들이 생기는 것을 방지하고 기후 변화에 상하거나 죽어 버리는 일이 없기

때문에 관리하기 쉬운 깨끗한 인테리어 소품 개념으로 놓았다.

백 포치 천장에는 야외 감성 소품이라면 빠질 수 없는 알전구를 달았다. 저녁 시간에 천장에 늘어진 알전구에 불이 들어오면 노천 카페가 전혀 부럽지 않은 멋진 홈카페가 완성된다.

제품 참고 알전구 | Target, Incandescent outdoor string lights

지붕 아래에는 바람에 흔들리는 예쁜 도기 풍경을 달았다. 흔들면 맑고 예쁜 소리가 나지만 무거운 세라믹 재질 때문에 거의 흔들리지 않아 이웃들에게 민폐를 끼칠 일이 없다.

패티오 소파 뒤편으로는 백 포치 공간의 프라이버시를 위해 나무를 심었다. 바람이 많이 불고 비가 많이 올 때도 비가 포치 공간으로 들이치는 것을 어느정도 막아주고, 프라이버시도 지켜주며 무엇보다 살아있는 나무가 주는 녹색의 싱그러움은 눈과 마음을 편안하게 해준다는 장점이 있다.

가을이 되면 프런트 포치에 그해 수확된 호박들과, 곧
터질 듯 몽글몽글 꽃봉오리가 진 국화 화분을 놓아둔
다. 우리만의 가을을 맞는 방식이다. 집 안 곳곳에도 가
을색을 입힌다. 여름 동안 뜨거운 열기에 지쳐 활기를
잃은 집에 다시 생명의 입김을 불어넣는다.

　계절마다 집안의 장식을 조금씩 바꿔 주는 것만으
로 집은 새로운 에너지로 채워진다. 그곳에서 우리 가
족은 새로 시작할 힘을 얻는다. 집에 쏟는 작은 애정은
더 예쁘고 더 안락하고 그 어느 곳보다 더 휴식 같은 공
간으로 되돌아온다. 계절 장식을 게을리할 수 없는 이
유이다.

이스터 홈카페 데코

크리스마스 장식으로 한 해를 마무리하고 나면 새해의 시작은 발렌타인 데코에

이어 부활절 장식으로 맞이한다. 핼러윈이나 크리스마스처럼 집 안팎 여기저기

크고 화려하게 장식하기보다는 현관문 주변, 또는 홈카페 공간의 한 켠에 아기자기하게 분위기만 내는 정도이다. 이스터 테마의 장식품들은 부활을 상징하는 장식용 달걀들과 부활절 전날 밤에 이스터 에그를 가져다준다는 이스터 버니가 대부분이다. 파스텔 컬러의 이스터 에그만으로 집안에 따뜻한 봄기운이 스며든다.

◆ 스타일링 포인트

부활절 전날에 사탕과 선물을 가져다주는 것으로 믿고 있는 아이들의 동심을 지켜주기 위해 이스터 장식용품을 약간 더해 주는 정도로 가볍게 장식했다.

박스우드 리스를 트레이처럼 활용해 그 위에 장식용 이스터 버니를 올렸다.

커피 시럽들과 빨대 등 커피 용품을 담아 두는 트레이 한 켠에 공간을 마련해 녹색의 종이 필러를 채우고 이스터 에그와 세라믹 소재의 이스터 버니, 장식용 당근으로 이스터 분위기를 냈다.

마시멜로나, 시즌용 캔디를 넣어두는 유리병에도 미니 사이즈의 이스터 에그를 채워 넣고, 빨대도 이스터 분위기를 낼 수 있는 파스텔 톤의 핑크 빨대로 교체했다.

봄 침실 스타일링

해가 바뀌고 계절이 바뀌면 침실 공간에도 변화를 주고 싶어진다. 침실에 겨울의 기운을 비워 내고 산뜻한 봄기운을 채워 넣기 좋은 곳이 바로 침대 위다. 심플하게 침구의 컬러를 바꿔 주는 것만으로도 분위기가 달라지고 기분도 좋아진다. 그렇다고 시즌마다 큰 비용을 들여 침구 세트를 교체할 필요도 없다. 쿠션 커버와 베개 커버를 교체하는 정도의 비용이면 충분하다. 흰색 침구 세트를 추천하

는 이유도 바로 이 때문이다. 흰색 캔버스는 어떤 물감의 색도 다 담아낼 수 있는 것처럼 흰색 침구에 계절 색이 더해진 작은 쿠션을 더하는 것만으로도 분위기를 바꿀 수 있다. 조금 더 큰 변화를 원한다면 20불~30불 정도의 시트 세트 정도를 구입해 베개 커버를 바꾸고, 시트로 이불을 커버해 주면 저비용으로 큰 분위기 전환을 할 수 있다.

◆ 스타일링 포인트

재고 정리 세일 상품이었던 블랙 앤 화 이트 체크 패턴의 시트 세트를 초 저렴 한 가격에 구입해 베개 커버를 교체하 고, 플랫 시트는 접어 스로우 블랭킷이 있던 자리에 올려 주었다. 단조로운 흰색 침구에 블랙 앤 화이트 체크 패턴 은 악센트 효과가 있다.

봄의 따뜻한 색을 더하기 위해 쿠션 커버를 옐로우 톤으로 교체하고, 비슷한 컬러의 악센트 쿠션을 추가로 구입해 침실 분위기를 바꾸었다.

감사와 수확의 계절, 가을

미국에서는 8월이 되면 각 인테리어 스토어에서 가을 장식 용품들이 쏟아져 나온다. 거리의 짙푸른 녹음이 어느새 울긋불긋해지는 9월부터 많은 주부들이 가을 장식을 시작하기 때문이다. 이것을 시작으로 10월에는 핼러윈 장식, 11월에는 땡스기빙 데이Thanksgiving Day(추수감사절) 장식, 그리고 12월 크리스마스 장식까지 본격적으로 집 안팎 장식에 열정을 쏟아붓는 때이기도 하다.

대문이 있는 프런트 포치에는 그해에 수확된 호박들과, 곧 터질 듯 몽글몽글 꽃봉오리가 진 국화 화분을 놓아두는 것으로 우리 집의 가을 맞이 준비가 시작된다. 집 안 곳곳에도 가을색을 입힌다. 이것은 마치 여름 동안 뜨거운 열기에 지쳐 활기를 잃은 집에 다시 생명의 입김을 불어넣는 것과도 같다. 나는 집도 살아 있다고 생각한다. 정말 생명이 있다는 것이 아니라 생명같은 에너지가 있어서 우리는 집에서 그 에너지를 충전해 다음날을 살아가는 것이다.

우리는 매일 같은 집에서 산다. 1년을 살고, 2년을 살고 그렇게 10년도 넘게 살 수도 있다. 1년 365일 똑같은 집은 점점 활기를 잃어가고, 색을 잃어가고 그렇게 에너지를 잃어간다. 계절마다 집안의 장식을 조금씩 바꿔주는 것만으로 집은 다시 살아난다. 새로워진 집은 가족들에게 새로 시작할 힘을 준다. 집에 쏟은 작은 애정은 더 예쁘고 더 안락하고 그 어느 곳 보다 더 휴식 같은 공간으로 되돌아온다. 계절 장식을 게을리할 수 없는 이유이다.

현관 장식

◆ 스타일링 색상

가을 장식은 '호박'을 빼놓을 수 없다. 오렌지색 호박 한 덩이만으로도 이미 가을의 설렘을 느낄 수 있기 때문이다. 호박의 오렌지색을 메인으로 흰색 호박과 섞어 장식을 할 예정이라 스타일링 색상은 오렌지색과 흰색, 그리고 소국의 노란색과 녹색, 이 네 가지 컬러로 장식하기로 했다.

프런트 포치의 중심이 되는 현관문에 가을 분위기가 물씬 나는 미니 호박, 단풍잎, 솔방울로 만들어진 리스를 걸었다. 대칭형 데코를 위해 양쪽에 인조 박스우드 화분을 그대로 놓아두었다. 현관문의 오른쪽 보다 왼쪽에 장식할 공간이 많아 장식용 볏짚을 쌓고, 오렌지색 호박, 흰색 호박들을 크기별로 골고루 섞어 올렸다.

현관문 주변을 풍성하게 장식하기 위해 생 호박들을 사용하는 것이 가장 예쁘지만 단지 장식만을 위해 구입하는 것은 가격적으로 부담이 된다. 그래서 생 호박과 장식용 모형 호박을 적당히 섞어서 장식하고, 모형 호박은 잘 보관해 두었다가 매년 가을 장식 때 다시 사용하면 된다.

　모형 호박은 스티로폼으로 만들어졌을 경우에는 바람에 날아가기 쉽다. 그럴 때 대나무 꼬치에 끼워 볏짚에 고정시켜 주면 모양도 흐트러지지 않고, 바람에 날아가는 일도 없다.

　볏짚을 쌓을 때 단차를 주기 위해 의자를 눕혀서 활용했다. 의자가 아니더라도 빈 박스 등을 활용해 단차를 만들어 장식을 하면 좁은 공간을 극대화해서 활용할 수 있고, 장식도 정돈되어 보이는 효과가 있다.

　공간에 화사함과 풍성함을 더하기 위해 소국 화분을 더했다. 왼쪽 공간은 대문을 중심으로 한 대칭형 데코로 소국 화분과 오렌지색 호박을 올려 비슷한 듯 다르게 데코했다.

　이듬해에는 바스켓에 담긴 호박들이 쏟아지는 느낌을 연출했다. 허수아비와 오렌지색 가을 국화로 주황빛 가을 분위기를 강조했다.

벽난로 장식

◆ 스타일링 색상

미국집에서 계절별 장식 공간의 중심이 되는 곳이 벽난로 위 선반이다. 가을하면 오렌지색이 클래식이지만, 집안은 모던 팜하우스 스타일에 어울리는 뉴트럴 컬러의 호박 장식으로 꾸미고 싶었기에 뉴트럴 그린, 화이트, 크림색, 그리고 약간의 갈색 톤으로 색상을 정했다.

◆ 스타일링 포인트

녹색의 새싹 가지가 꽂혀 있던 왼쪽의 화병에는 가을 느낌이 나는 인조 목화솜 가지로 바꾸었다.
　선반의 중심에 키가 큰 인조 호박을 놓고, 양옆으로 작은 인조 호박들을 삼각형 구도로 배치했다.

1 인조 호박은 저렴한 가격에 손쉽게 구할 수 있지만 내가 딱! 원하는 컬러의 호박을 구하기 힘든 경우가 있다. 이럴 때는 손쉽게 아크릴 페인트를 칠해서 내가 원하는 색으로 칠해주면 된다.

2 흰색의 양을 조절해서 채도가 다른 같은 톤의 뉴트럴 컬러를 만들어 각각 칠한다. (페인트 색상 Waverly matte chalk, Waverly celery)

인조 호박 가랜드를 두 개 구입해 중심에 놓인 호박들 양쪽 가장자리에 놓으면 풍성하면서도 복잡하지 않은 벽난로 장식을 완성할 수 있다.

가을 테이블 스타일링

가을에 손님맞이나 땡스기빙 데이 디너를 준비할 때 식탁 위에도 풍성한 가을 분위기를 낼 수 있게 스타일링했다.

◆ 스타일링 포인트

식탁 중간에 블랙 앤 화이트 체크 무늬의 러너를 깔고, 그 위에 램스이어 조화 캔들 세트를 중간에 올렸다. 램스이어 조화를 추가해 양 옆으로 길게 물결 무늬처럼 이어주고 곳곳에 인조 호박을 장식했다.

라탄 소재의 플레이트 차저, 디너 플레이트, 샐러드 플레이트 순으로 올렸다. 러너의 패턴과 같은 패턴의 냅킨을 직사각형으로 접고 그 위에 인조 유리 호박을 장식으로 올렸다.

1 달러트리(1달러샵)에서 구입한 유리 소재의 인조 호박의 꼭지에 마스킹 테이프를 감아 골드 컬러의 꼭지는 그대로 유지한다.

2 아이보리 컬러의 스프레이 페인트를 칠한 후 그늘에서 2시간 이상 건조시킨다.
(페인트- KRYLON- satin ivory)

가을 침실 스타일링

◆ **스타일링 색상**

울긋불긋한 가을 분위기를 내기 위해 짙은 오렌지색, 갈색, 그리고 옅은 아이보
리색을 메인 컬러로 정했다.

◆ 스타일링 포인트

침대의 헤드보드 벽면에는 인조 억새풀 리스를 걸었다.

제품 참고 인조 억새풀 리스 | Target, 24" Faux bleached wheat wreath

침대 위의 쿠션은 패턴쿠션-단색쿠션-질감쿠션의 배치 방법으로 짙은 오렌지색의 체크 패턴, 오렌지색의 단색 쿠션, 짜임 조직의 갈색 쿠션을 믹스 매치해서 올렸다. (오피스룸 쿠션 배치 방법 참조 - 199~200p)

제품 참고 쿠션 | Marshall's

스로우 블랭킷도 쿠션 색깔에 맞춰 짙은 오렌지색으로 골랐다.

제품 참고 스로우 블랭킷 | Marshall's

침대의 왼쪽 나이트 스탠드에는 버건디 컬러의 조화를 꽂고, 책을 받침대로 삼아 데코용 호박을 세 개 올렸다. (집 꾸미기 법칙 - 3품법, 3그룹법)

제품 참고 버건디 컬러 조화 | hobby lobby, 화병 - hobby lobby, 데코용 호박 | target

침대의 오른쪽 나이트 스탠드 위에는 작은 트레이를 올리고 그 위에 키 작은 억새풀 조화를 꽂고, 버건디 컬러의 호박 모양의 유리 용기에 담긴 캔들을 올려 왼쪽 나이트 스탠드의 컬러와 소품을 매치시켰다. (집 꾸미기 법칙 - 3품법)

제품 참고 호박 캔들 | target-12oz glass pmpkin spice 2 wick candle

핼러윈

9월이 되면 미국의 대형 마트에서는 핼러윈 용품들의 판매가 시작되고, 미국의 가정들은 앞마당과 집안을 핼러윈 분위기로 장식을 한다. 집집마다 개성 있는 핼러윈 장식은 가을의 큰 재미이다. 종교적 이유나 개인적 이유로 장식을 하지 않는 가정도 있지만 대부분은 핼러윈 당일 '트릭 올 트릿Trick or Treat'을 하러 오는 아이들과 가족들에게는 즐거움을, 이웃들에게는 눈요깃거리를 주기 위해, 또한 분위기 좋은 동네를 만들기 위한 주민들의 노력에 함께 하기 위해 핼러윈 장식에 많은 공을 들인다. 그러나 처음부터 많은 장식용품을 구입하려면 큰 부담이 되기 때문에 한두 개씩 큰 장식물들을 수년에 걸쳐 구입하면서 점점 늘려가며 장식하는 것을 추천한다.

핼러윈이 한국 문화는 아니지만 영어 유치원, 영어 학원들을 통해 핼러윈 행사가 많이 알려지고, 아파트에서도 핼러윈 당일 아이들이 트릭 오얼 트릿을 외치며 사탕을 받으러 돌아다닌다고 하니 아마 곧 집 현관 안팎을 핼러윈 용품으로 장식하는 유행이 곧 생겨날지도 모른다.

핼러윈 현관 장식

◆ 스타일링 색상

현관 앞의 핼러윈 장식은 귀여운 잭오랜턴을 주제로 주황색 검정색의 소품들 중
심으로 장식했다.

◆ 스타일링 포인트

핼러윈 당일에 트릭 올 트릿을 외치며 아이들이 찾아오는데 너무 무서운 장식을 한 집에는 아이들이 가기를 꺼려 하거나 용기를 내서 갔다가도 울음을 터뜨리곤 한다. 그래서 어린아이들도 친근하게 느낄 수 있도록 재미있는 얼굴 모양의 잭 오랜턴 조명 장식과 다양한 크기의 호박을 골고루 섞어서 장식했다.

핼러윈 용품 장식만으로는 너무 인위적이기도 하고, 허전한 느낌이 들어 좀 더 밝고 화사한 느낌이 들도록 국화 화분을 현관문 양쪽에 두었다. 테마 장식의 색과 어울리는 생화 화분을 함께 장식하면 소품이 빈약하더라도 풍성한 느낌을 줄 수 있다.

마녀 빗자루 길 안내 표지판도 주황색과 검정색이어서 테마색과 잘 매치가 되도록 했다. 테이블 위의 화분도 잭오랜턴 화분으로 매치했다.

◆ 핼러윈 현관 야경

핼러윈 장식은 깜깜한 밤에 조명이 켜지면 그 분위기가 더욱더 살아난다. 귀여워 보이기만 하던 잭오랜턴도 밤에 전구를 켜서 보면 조금 으스스한 느낌을 낼수 있다. 조명들은 스마트 플러그에 연결한 후 점등 시간과 소등 시간을 설정해놓으면 편리하다.

◆ 잭오랜턴

조각한 잭오랜턴은 3~4일 후면 곰팡이가 피어서 호박이 주저앉는다. 그래서 보통 핼러윈 1주일 전에 조각하고, 물과 락스를 7:3 정도로 희석한 후에 속과 겉에골고루 스프레이 해주면 1주일 정도는 곰팡이 없이 잭오랜턴을 즐길 수 있다.

이듬해에는 전년도 소품을 대부분 활용하고, 제철 호박을 장식으로 추가했다. 구글에 'printable Jack O lantern face'를 검색해서 스티커 메이커로 출력한 후, 호박에 붙였다. 익살스러운 표정의 호박들로 아이들이 좋아하는 귀여운 느낌의 핼러윈 장식이 되었다. 작년에 거실에 장식했던 마녀 모자와 박쥐 장식을 현관 장식에 더해 전년도 장식과는 또 다른 분위기로 연출했다.

핼러윈 벽난로 장식

현관 앞은 귀여운 느낌의 잭오랜턴이 테마라면, 벽난로는 마녀가 연상되는 느낌으로 꾸몄다. 마녀 모자의 검정색을 테마색으로 정하고, 검정색과 흰색이 대비되는 소품들로 장식했다.

천정에 낚싯줄을 이용해 마녀 모자를 달았다. 원래는 4개의 마녀 모자를 길이를 달리해서 달아 줄 예정이었지만 벽난로 위의 거울에 비친 마녀 모자 때문에 4개를 매달아 놓은 효과가 있어서 2개만 달았다.

벽난로 위에는 그물 천을 늘어뜨려 으스스한 느낌을 주었다. 박쥐는 양면 테이프를 이용해서 붙였다. 박쥐를 벽에 장식할 때, 한 방향을 향해서 붙여 주면 실제로 무리를 지어서 날아가는 것처럼 훨씬 더 생동감 있고, 현실감 있게 보인다.

화병에는 잎이 다 떨어진 앙상한 검은 나뭇가지와 장식용 거미줄을 감아서 말라 죽은 나무 느낌을 냈다. 검은 나뭇가지는 앞마당에 있는 나뭇가지를 꺾은 뒤, 잎을 모두 떼어내고, 검정색 스프레이 페인트를 칠한 후 잘 말려서 꽂았다.

핼러윈 홈카페 장식

홈카페의 메인 주제는 잭오랜턴과 유령이다. 그래서 테마색은 주황색, 검정색, 흰색으로, 관련 색을 가진 소품들을 모아 장식했다. 초크 보드 벽에 쓰여져 있던 문구들은 지우고, 유령 그림을 그리고 Happy Halloween 메세지를 썼다.

헌책의 표지를 리폼해 영문 스티커를 붙여서 마녀의 저주, 마녀의 물약, 호커스 포커스 (수리수리 마수리)책을 만들어 핼러윈 소품으로 활용했다.

1 하드커버의 헌책을 준비한 뒤, 겉표지는 벗겨내고, 하드커버지만 남긴 후 블랙 컬러의 아크릴 물감으로 책 표지 전체를 칠한다.

2 책의 타이틀 부분이 표시될 부분과 여유 부분을 남겨서 페인트가 균일하게 칠해지도록 마스킹 테이프를 붙인 후 흰색, 오렌지색으로 덧칠한다.

3 스티커 메이커로 공포 분위기가 나는 폰트를 찾아 스티커를 만들거나 알파벳 스티커를 이용해 책의 제목을 붙여준다.

1불짜리 알록달록한 색깔의 해골을 두 개 구입해서 흰색 스프레이 페인트로 칠해, 해골 커플로 완성했다.

선반 위에 소품을 장식할 때 비슷한 소품들을 그룹별로 묶어서 3그룹으로 나

누어 장식하면 선반 위가 복잡해 보이지 않는다. (집 꾸미기 법칙 - 3그룹법)

초크 보드 벽에 마스킹 테이프를 반
으로 접어 벽에 붙인 후 메시지를 쓰면
떨어지는 분필 가루가 달라붙어 청소
하기가 수월하다.

이 해에는 '마녀집의 선반' 이라는 테마로 커피 스테이션 선반을 장식했다. 마녀 모자, 마녀 구슬볼, 식용색소로 직접 만든 마녀 물약 등을 소품으로 활용했다.

핼러윈 파티 테이블 스타일링

미국에서는 꼭 핼러윈 당일이 아니더라도 핼러윈이 있는 10월에 접어들면 각종 모임에서 핼러윈 파티를 한다. 집 안 장식은 물론이고, 테이블과 음식까지 핼러윈 테마로 장식을 해서 파티 분위기를 고조시키고, 즐거운 시간을 만끽한다. 한국에서는 핼러윈 파티가 생소할 수도 있지만 10월에 집들이나, 계모임, 친구 초대 모임이 있다면 핼러윈 테마로 테이블을 장식해서 참석한 분들의 기억에 남을 특별하고 즐거운 상차림을 준비하는 것도 좋은 아이디어가 될 것이다.

◆ 스타일링 색상

핼러윈하면 제일 먼저 떠오르는 컬러가 블랙과 오렌지라 이 두 가지 컬러는 메인 컬러로 하고, 블랙 컬러가 돋보일 수 있도록 흰색을 추가했다.

◆ 스타일링 포인트

흰색 식탁보를 깔고, 검정색 그물 천을 테이블 러너로 활용했다. 그물 천 위에 검
정색 마른 가지 장식품을 올리고, 작은 전기 호박 캔들, 장식용 미니 호박 소품과
유령으로 장식했다.

달러트리 (1달러샵)에서 구입한 거미와 거미줄 장식에 거미를 떼어낸 후 플레이트 차저로 활용했다.

검정색 접시 위에 잭오랜턴 종이 접시를 올려 테이블 메인 컬러를 맞췄다.

거미줄 장식에서 떼어 낸 거미는 검정색 스프레이로 페인트 칠한 후, 접시 사이사이 허전한 공간에 하나씩 놓아 두었다.

희망과 사랑으로 가득한 겨울, 크리스마스

크리스마스는 땡스기빙 데이와 함께 미국의 가장 큰 명절이다. 이르면 11월부터 트리를 세우고 장식을 하는 사람들도 있지만 대부분은 땡스기빙 데이가 지난 후 집 안팎으로 크리스마스 장식을 시작한다.

집의 지붕을 따라서 크리스마스 전구를 달고, 집 앞에는 산타, 레인 디어, 눈사람, 호두까기 인형 같은 큰 조명이 달린 장식물을 내어 놓는다. 이렇게 크리스마스 장식이 멋지게 되어 있는 집들이 모여 있는 동네는 명소가 되어 일부러 사람들이 차를 타고 그곳을 찾아가기도 할 정도이다. 그래서 12월 미국 주택가의 밤은 놀이동산이 부럽지 않을 만큼 밝고 화려하다.

집 안의 거실 한 켠에는 트리를 세우고, 인테리어와 잘 어울리도록 오너먼트와 리본의 색을 맞추거나, 트리에 테마를 정해서 그 테마 관련의 오너먼트들만 모아서 장식을 한다. 녹색 트리에 골드, 실버, 레드 등 알록달록한 오너먼트가 달린 트리만 보아 왔던 나에게는 이런 테마가 있는 트리들이 신선한 충격이었다.

반짝이는 골드 실버 컬러의 오너먼트만 모아 놓은 고급스러운 느낌의 트리, 레드, 화이트 투 컬러의 오너먼트와 리본으로 장식한 캔디 캐인 테마의 트리, 블랙, 화이트 버팔로 체크 무늬의 리본과 원목 소재, 또는 러스틱한 철제 오너먼트로 꾸민 팜하우스풍의 트리, 크리스마스 선물을 뺏어가는 닥터 수의 동화책에 등장하는 그린치를 테마로 한 연녹색 트리 등 집집마다 그 집만의 개성과 특색이 돋보이는 트리들이었기 때문이다. 심지어 해마다 트리의 테마를 바꾸는 사람들도 있어서 이렇게 크리스마스 장식에 쏟는 그들의 열정과 비용을 생각해 보면 미국인들이 크리스마스에 얼마나 진심인지를 알 수 있다.

그리고 트리 장식으로 끝나는 것이 아니라 엔트리 테이블, 커피 바, 커피 테이블 위에도 크리스마스 소품을 올려 둔다. 계단의 난간과 벽난로 위에 소나무 가랜드를 걸고, 가족들의 이름이 새겨진 산타 양말을 가지런히 걸어 집안 곳곳, 시선이 닿는 곳마다 크리스마스를 느낄 수 있다.

사실 이것은 집안을 예쁘게 꾸미는 것 그 이상의 의미가 있다. 트리 밑에 놓인 산타의 선물을 설레어 하며 풀어 보던 어린 시절 동심을 추억하고, 그것을 우리 아이들에게도 전해주고 싶은 어른들의 마음인 것이다. 그 마음은 동서양 다르지 않기에 한국에서도 크리스마스 장식을 하는 집들이 늘어나고 있다.

미국처럼 집 안팎으로 휘황찬란하게 장식하는 집은 거의 볼 수 없지만 거실에 트리를 세우거나, 벽에 전구로 트리를 만들어 분위기를 낸다. 소소한 장식이라도 어른들에게는 감성이고, 아이들에게는 오랫동안 기억에 남을 추억이다. 아이들과 함께 트리 장식의 테마색을 정하고, 함께 오너먼트 쇼핑을 하고, 그것을 트리에 걸면서 장식하는 시간, 다 완성되면 폴짝폴짝 뛰며 박수치는 아이의 모습, 그 모습을 눈에 담을 수 있다면 크리스마스 장식은 장식 그 이상의 의미와 가치가 있을 것이다.

크리스마스트리 장식

◆ 스타일링 색상

매년 트리의 테마색을 정해서 그 색에 맞춰 트리를 장식한다. 레드 실버 테마, 골드 화이트 테마를 거쳐 올해는 레드 화이트 컬러로 색을 정하고, 크리스마스 시즌에 빠질 수 없는 캔디 캐인, 페퍼민트 캔디가 생각나는 트리로 장식해 보기로 했다.

◆ 스타일링 포인트

기존에 가지고 있던 레드 컬러와 화이트 컬러의 오너먼트를 최대한 활용하고, 두 가지 색깔이 섞인 오너먼트만 추가로 구입했다. 트리 아래에 놓일 가족들의 선물들도 트리 장식에 맞춰 레드와 화이트 컬러의 포장지로 포장해 주었다. 먼 곳에 사시는 가족들이 보내준 선물은 포장지를 맞출 수가 없기에 흰색 박스에 담아 레드, 화이트 리본으로 색을 맞췄다. 상자는 크리스마스가 끝나면 다시 접어서 보관하고, 다음 해에 리본으로 테마색을 맞출 수 있기 때문에 계속해서 사용할 수 있다.

◆ 트리 장식 순서

1 트리 칼라 또는 트리 스커트를
   둘러 준다. (트리 아래의 받침대 부
   분을 가려주는 역할)

2 트리 나뭇가지가 풍성하게 보
   이도록 꼼꼼하게 하나씩 잘 펴
   준다.

3 전구를 둘러준다.

4 트리 타퍼와 타퍼 장식들을 꽂
   는다. (타퍼와 타퍼 장식은 긴 철사
   로 되어 있어 트리 가지 사이로 특별
   한 요령 없이 쑥~ 꽂아 넣으면 고정
   이 된다.

5 가지 사이로 듬성듬성 비어 보
   이는 부분을 와이어 리본으로
   채운다.

◆ 리본 장식법

1 리본은 테마색에 맞는 와이어 리본 두세 종류를 30~50센티 길이로 잘라 오너
   먼트 고리를 끼운다.

2 리본 와이어의 모양을 동그랗게 잡아 주면서 트리에 걸어 끼워 넣거나 트리
   가지로 감아 준다. (트리의 가지도 철사로 만들어져 있어 리본이나 막대를 힘있게 감아
   줄 수 있다.)

3 겹쳐진 리본들이 잘 보일 수 있도록 살짝 벌려 준다. 트리의 가지 사이사이 빈
   공간이 보이지 않도록 채워 주는 것에 신경 써서 장식하면 풍성하고 화려한
   트리가 된다.

4 크기가 큰 오너먼트를 먼저 걸어 주고, 그다음 크기가 큰 순서에서 작은 순서
   대로 걸어 준다.

5 트리 장식 테마에 어울리는 포장지로 포장한 크리스마스 선물들을 트리 아래에 놓는다.

T.I.P | 트리 장식할 때 알아 두면 좋은 꿀팁 ────────────

· 트리 타퍼는 트리 장식 제일 마지막에 꽂아도 상관없다.

· 테마색을 정해서 트리를 장식할 경우, 전구색은 알록달록한 것보다 yellow light 전구로 통일하는 것이 좋다.

· 추가로 전구를 더 둘러주면 트리가 풍성해 보이고 따뜻한 느낌을 준다.

· 오너먼트가 부족할 때는 벽 쪽으로 향하는 트리의 뒷부분은 장식하지 않고, 잘 보이는 앞쪽을 위주로 장식한다.

· 트리를 스마트 플러그에 연결해 점등 시간과 소등 시간을 설정해 놓으면 때마다 조명을 켰다 껐다 할 필요가 없어서 편하다.

풍선으로 꾸민 트리 장식

· 대형 오너먼트는 가격이 비싸지만 풍선으로 대형 오너먼트를 대신해 빈공간을 채우는 것도 팁이다.

─────────────────────────

2020년 크리스마스 장식

2022년 크리스마스 장식

크리스마스 벽난로 장식

시즌 데코의 공간이 되는 벽난로 장식도 레드와 화이트 컬러 위주로 장식해서 집안 전체적인 분위기를 맞춰 주었다.

벽난로 위는 삼각구도 장식법으로 거울 위에 리스를 걸고 양쪽에 높이가 비슷한 오브제로 촛대와 원뿔 크리스마스 소품을 올려 두었다. 산타 양말 후크 장식을 벽난로 중간에 놓고, 그 아래로 가족들의 산타 양말을 걸었다.

2021년 크리스마스 벽난로 장식

산타 양말의 모양이 처져서 예쁘게 잡히지 않을 때는 솜이나 신문지를 여러 번 구겨서 부드럽게 만든 후 채워 넣으면 볼륨감 있는 예쁜 모양이 유지된다.

2022년 크리스마스 벽난로 장식

◆ TV 스탠드 장식

가을 장식을 정리하고, 작은 모형 집들과 미니 크리스마스트리들을 배치해서 화이트 크리스마스 빌리지를 만들었다. 장식 뒤쪽의 창문으로 미니 전구를 끼워 넣어 조명 효과를 더했다.

겨울 침실 스타일링

거실의 크리스마스 장식은 온 가족이 즐기기 위함이라면 침실 장식은 부부를 위한 로맨틱한 분위기를 연출하기 위함이다. 크리스마스는 아이들이 가장 좋아하는 날이지만 또 사랑하는 사람과 함께 보내는 연인의 날, 부부의 날이기도 하기 때문에 둘만의 공간에도 크리스마스 감성을 더해 보았다.

◆ 스타일링 색상

화이트 (실버) 레드, 그린을 주요색으로 결정했다.

◆ 스타일링 포인트

벽에 걸려있던 거울 장식을 떼어내고, 소나무 리스에 화이트 리본이 달린 크리스마스 리스를 걸었다. 리스에 레드 베리를 더 추가해서 꽂아 악센트를 주었다.

크리스마스 분위기를 낼 수 있게 강렬한 레드 색상의 유로 필로우 (26인치=66센티)와 레드 체크 무늬의 악센트 필로우(18인치) 미니 필로우로 침대 위를 장식했다. 유로 필로우의 색상과 비슷한 색상의 스로우 블랭킷으로 매치시켰다.

· 스로우 블랭킷의 색상과 쿠션들 중 한 종
  류의 색상을 같은 색이나 비슷한 색, 비
  슷한 패턴으로 매치시켜 주면 실패 없는
  베딩 데코를 할 수 있다.
· 침대 양쪽 협탁에는 미니 소나무 트리를
  각각 올려서 대칭을 맞췄다.
· 오른쪽의 협탁에는 미니 소나무 옆에 크
  리스마스풍의 캔들과 레인디어 오너먼트
  를 오브제로 활용해서 데코했다.

크리스마스 홈카페 데코

◆ 스타일링 색상

블랙 초크 보드의 색과 잘 어울릴 수 있는 레드, 화이트와 그린으로 정했다.

◆ 스타일링 포인트

상단 선반 중앙에 걸려 있던 커피 사인을 떼어내고 메리 크리스마스 사인보드를 걸고 주변은 미니 크리스마스트리를 올려 주었다.

크리스마스트리를 싣고 가는 빨간색의 크리스마스 트럭 위에 산타클로스의 오너먼트를 소품으로 활용해서 올렸고 트럭과 어울리는 로드 사인도 함께 장식했다.

미국에서는 겨울이 되면 뜨거운 핫 코코아 위에 마시멜로를 가득 띄워 마시기 때문에 스타벅스에서 시즌 한정으로 나온 코코아 가루를 구입해 올려 두었다.

커피컵 대신 겨울 분위기 나는 빨간색 체크 무늬의 종이컵을 나란히 진열해, 크리스마스 분위기의 카페 선반을 연출했다.

커피에 첨가할 각종 시럽과 커피 관련 소모품인 빨대, 크리스마스 시즌에만 나오는 캔디 캐인 등은 트레이에 담아 정돈되어 보이게 했고, 작은 미니 트리에 미니 오너먼트로 장식을 했다.

미국에서는 크리스마스 시즌이 되면 아이들과 함께 진저 브레드 쿠키 하우스를 만든다. 이번 해에도 아이들이 직접 만든 진저 브레드 쿠키 하우스를 홈카페 데코로 올려 두었다.

블랙 초크 페인트 벽에는 분필로 크리스마스 오너먼트와 눈 결정체 모양을 그려 크리스마스 홈카페를 완성했다.

크리스마스 테이블 스타일링

◆ 스타일링 색상

집안 전체의 크리스마스 테마색인 레드, 화이트, 그린의 색상으로 결정했다.

빨간색의 접시받침charger과 디저트 접
시가 돋보일 수 있도록 흰색 식탁보를
깔았다.

　레드 화이트 그린 컬러가 믹스된 러
너를 깔고 그 위에 센터피스로 소나무
가랜드를 올렸다. 가랜드를 조금씩 구
부려서 굴곡이 지도록 만져주고, 굴곡
진 부분에 캔들을 놓았다. 가랜드에 악센트를 더하기 위해 레드 베리를 중간중
간 끼우고, 미니 사슴 장식을 가랜드 위에 살짝 올렸다. 가지가 없어 비어 보이는
공간은 오너먼트로 채웠다.

레드 컬러의 차저, 화이트 접시, 크리스마스 분위기가 나는 디저트 접시를 매

치해서 올려 주었다. 냅킨은 가볍게 매듭을 지어주고, 그 매듭 사이에 호랑가시나무 조화 코사지를 끼웠다.

캔들 홀더가 없을 경우, 와인잔을 그대로 활용하거나, 와인잔을 뒤집어서 그 위에 캔들을 올려 놓는 방법도 있다.

T.I.P | 테이블 중간에 센터피스를 올리면 음식은 어디에 두고 먹나요? ─────────

미국에서는 파티를 열거나 손님을 초대했을 경우, 뷔페식처럼 준비된 음식을 카운터 탑 위, 또는 부페 테이블 위에 올려놓고 손님이 직접 가서 원하는 음식을 원하는 만큼 덜어와서 먹는다. 호스트가 음식을 날라 줄 필요가 없고, 식사하다 중간에 부족한 음식을 가져다줄 필요가 없어 식사에 집중할 수 있고, 손

님 역시도 원하는 음식을 원하는 만큼만 먹을 수 있다는 장점이 있다.

크리스마스 현관 장식

작년에 골드 실버 오너먼트로 장식했던 소나무 리스에 오너먼트를 떼어내고, 올해
의 테마색인 레드 화이트 컬러의 오너먼트를 붙여서 재활용했다. 문 양옆에 세워
두었던 조화에 크리스마스 리본을 달아 현관 기둥 양 옆에 각각 놓아두었다. 해마
다 하나씩 추가로 구입해 온 크리스마스 장식물들을 문 양 옆에 배치했다.

원래 있던 쿠션 위에 크리스마스 테마의 쿠션 커버를 덧씌워 흔들의자 위를 장식하는 것도 잊지 않았다. 흔들의자 사이의 협탁에는 크리스마스 상징의 꽃인 포인세티아 생화를 올려 화사함을 더했다.

지붕 아래에는 눈 결정 모양의 라이트를 달아 주었다. 프런트 야드 (앞마당)에는 사슴 가족의 크리스마스 조명 장식물을 설치해서 동네 이웃들의 크리스마스 장식에 분위기를 맞췄다.

엘리가 즐겨 찾는 사이트 리스트
&
알뜰 쇼핑 정보

THE STORY OF ELLIE'S HOUSE

엘리가 즐겨 찾는
YOUTUBE 채널

청소 채널

Clean My Space | 청소에 관한 모든 정보와 팁은 이 유투버를 피해갈 수 없을 만큼 엄청난 청소 컨텐츠를 보유한 유투버. 화학 세제를 사용하기보다는 집에서 구하기 쉬운 베이킹 소다, 식초 등의 재료로 홈메이드 세제를 만들어 집안 곳곳을 청소한다는 것도 이 채널의 장점. 샤워 유리 문의 묵은 때, 오븐의 기름 때, 빨아도 냄새나는 세탁물 등 그녀가 알려주는 방법대로만 하면 문제 해결 완료. 200만 명의 구독자를 보유한 청소 대표 채널.

정리 정돈 채널

AthomeWithNikki | 정리 정돈의 끝판왕! 정리 정돈 그 자체를 아름다운 인테리어라고 말하는 Nikki는 beautifully organized라는 베스트셀러 정리 정돈 저자이다. 공간별로 편의성과 기능성은 물론이고 인테리어까지 놓치지 않는 정리 정돈 방법과 팁 등을 배울 수 있는 유용한 채널이다.

인테리어 소품 DIY 채널

Fia Garcia DIY | 장식 목적의 인테리어 소품에 큰 돈을 소비하기 보다는 저렴한 제품이나 중고들을 구입해서 고급 디자이너 소품을 카피해 만드는 DIY 채널이다. 유투브에 수많은 DIY 채널들이 있지만 그녀의 감각과 손재주로 만든 제품들은 당

장 팔아도 손색이 없을 정도로 완성도가 높고 고급스럽다. 그럼에도 재료들만 구할 수 있다면 쉽게 따라 만들 수 있다는 것도 이 채널의 장점이다.

Jorge Gomez-Casa Refind | Fia Gracia DIY 채널과 비슷하게 인테리어 소품을 DIY 하는 채널이지만 다른 점은 여러 가지 창의적인 Jorge 그만의 방법으로 소품들을 만들어 낸다는 것이다. 그 역시도 영상을 찍으면서 실패를 하기도 하고, 이 방법, 저 방법 다양한 방법을 시도하는 과정과 그 결과물, 그리고 완성 작품을 집 안에 데코했을 때 느낌까지 브이로그 형식으로 볼 수 있다.

Liz Fenwick DIY | 저렴한 달러샵의 제품들이나 중고품들을 활용해 인테리어 소품으로 재탄생 시키는 DIY 채널. 큰 노력 없이도 쉽게 따라 해볼 수 있는 소품들을 만드는 게 많아서 DIY에 관심은 있지만 자신은 없는 초보 DIYer들이 보면 좋은 채널이다. DIY뿐만 아니라 인테리어 샵 신제품 쇼핑, 집 데코, 간단한 살림 팁 등의 정보도 많다.

집 꾸미기 인테리어 살림 채널

Kristen McGowan | 155만 명의 구독자를 보유한 탑 인테리어 채널 중 하나이다. 인테리어를 전공한 그녀가 알려주는 인테리어 팁, 살림 팁, 간단한 가구 DIY, 셀프 리모델링 등 집 꾸미기와 인테리어, 정리 정돈에 관한 전반적인 정보를 이 채널에서 대부분 얻을 수 있다. 미국인들에게도 인테리어 살림 필수 채널로 손꼽힌다.

Til Vacuum Do Us Part | 평범한 미국 가정 주부의 살림 일상을 보는 듯한 채널, 청소하고, 시즌마다 새로운 분위기로 집단장을 하고, 가끔은 DIY도 하는 브이로그 같은 채널이다. 화이트 러버인 그녀가 화이트와 무채색의 조합으로 꾸민 그녀의 집을 계절마다 새로운 장식으로 바꾸는 것을 보는 재미가 있는 채널이다.

The DIY Mommy | 집안 장식을 소소하게 DIY하던 그녀가 점점 그 범위를 넓혀 가더니 조금씩 집도 고치고 하다가 베케이션 홈을 구입해 셀프로, 때로는 남편과 함께 그 집을 리모델링하면서 점점 성장한 유투버이다. 작은 소품부터, 가구 DIY,

집 리모델링까지 셀프로 하는 것을 볼 수 있고, 그에 관한 정보와 팁을 얻을 수 있다. 특히 작은 공간을 넓어 보이면서도 감각 있게 꾸미고자 한다면 큰 도움이 된다. 64만 명의 구독자가 있다.

Momma From Scratch | Til Vacuum Do Us Part와 비슷한 느낌의 미국 주부의 인테리어 살림 채널이지만 그녀들의 인테리어 취향이 달라 또 다른 재미가 있는 채널이다. 모던 팜하우스 인테리어에 가까운 그녀의 취향으로 꾸민 집과 매 시즌 바뀌는 공간별 데코, 때때로 메이크 오버 영상까지 구경하는 재미가 있다.

셀프 리모델링 채널

Lone Fox | 인테리어보다는 셀프 리모델링에 중점을 둔 채널이다. 자신의 집이나 지인들의 집을 셀프로 리모델링 할 뿐만 아니라 그 공간에 맞게 감각적인 인테리어로 완성한 후 공개한다. 셀프 리모델링에 관심 있고, 중급 정도의 리모델링 실력이 있다면 많은 아이디어와 정보를 얻을 수 있는 유용한 채널이다.

엘리가 즐겨 찾는
소품샵

Hobby Lobby | https://www.hobbylobby.com/

각종 인테리어 소품들이 테마별, 색깔별로, 공간별로 디스플레이 되어 있어 좋아
하는 인테리어 스타일에 따라 필요한 소품들과, 아이디어들을 얻을 수 있다. 특히
아기 방이나 아이들의 방을 꾸미기 위한 다양한 테마와 그에 어울리는 컬러와 디
자인의 소품들을 찾는다면 제일 먼저 둘러봐야 할 곳이 하비라비이다. 또한 하비
라비의 조화 섹션에는 다양한 컬러의 꽃과 가지, 녹색 식물들을 판매하고 있고, 그 퀄리티는 생화
와 구분이 힘들 정도로 뛰어나서 조화 구입은 항상 하비라비에서 한다. 조화를 비롯해 대부분의 상
품을 격주로 50% 세일을 하기 때문에 세일하는 날에 맞춰 방문하면 이득이다. 인테리어 소품뿐만
아니라 각종 크래프트 자재, 부자재 등, 옷감, 취미 용품 등을 모두 이곳에서 구입할 수 있기 때문에
DIYer들의 천국이라 할 수 있다. 10월부터는 본격적으로 크리스마스 장식에 필요한 모든 용품들
이 나오는데 그 종류와 규모는 미국을 통틀어 하비라비를 따라올 수 없을 정도로 엄청나므로 기회
가 있다면 반드시 가보기를 권한다. 기억해 두면 좋을 팁은 크리스마스 장식 용품을 구입하기 위해
서라면 늦어도 11월 중순 전에는 가야 하고, 그 이후에는 떨이 상품들이라 원하는 상품을 구입하기
힘들 수도 있으니 서두르는 것이 좋다.

At Home | https://www.athome.com/

인테리어 소품의 도매상가 같은 느낌의 창고형 매장이다. 어마어마한 종류의 데
코 용품과 월 아트, 아웃도어 장식, 가구, 생활 잡화까지 구입할 수 있다. 인테리어
에 대한 취향이 확고하지 않을 때 방문하면 너무 많은 소품들과 디자인들에 압도
되어 무엇을 사야 할지 모를 정도이다. 하비라비처럼 테마별, 컬러별로 디스플레
이 되어 있지 않고, 제품 품목별로 분류되어 있어 디스플레이 아이디어를 얻기는 힘들지만 훨씬 다
양한 제품을 볼 수 있다. 어느 정도 자신만의 스타일이 정해지고, 구체적으로 찾는 상품이 있을 때
방문하면 분명 원하는 제품을 찾을 수 있는 곳이다.

Target | https://www.target.com

생필품을 판매하는 대형 마트이지만 유명 인테리어 디자이너와 자체 계약을 통해 Target만의 색깔이 분명하면서도 트렌디한 소품을 판매하기 때문에 소품 쇼핑에 빠질 수 없는 곳이다. 모던 팜하우스 풍의 Hearth&hand with Magnolia 제품과 모던 보호, 모던 내츄럴, 트랜지셔널 디자인의 Studio Mcgee 콜렉션 소품들을 구입할 수 있다. 특히 핼러윈 소품, 크리스마스 소품 등은 특별 시즌 코너가 마련되고, 자체 셀렉션 소품들이 들어오기 때문에 아주 합리적인 가격으로 구입할 수 있다. 또한 Target에서 지나치지 말아야 할 곳은 입구 앞에 설치된 target dollar spot 아이템들이다. 1불, 3불, 5불의 저렴한 가격으로 시즌용 소품이나 생활 용품, 아이들의 작은 장난감 등을 판매하는데 가격에 비해 품질이 좋아 인기가 많고 금방 품절되는 제품이 많은 코너이니 지나치지 말고 꼭 둘러보기를 권한다.

HomeGoods | https://www.homegoods.com/us/store/index.jsp

주방 용품, 베딩, 쿠션, 인테리어 소품, 시즌 소품 등을 합리적인 가격에 구입할 수 있는 곳이다. 올클래드 스테인리스 조리 기구, 스타우브 주물 냄비, 포트메리온 접시, 덴비 접시 등 브랜드 제품들을 아주 저렴한 가격에 득템할 수 있다. 다만 단점이라면 특정 제품의 지속적인 공급이 없고 제한적이기 때문에 한번 솔드 아웃되어 버리면 그 제품을 다시 살 수 없고, 재고가 많지도 않다. 그래서 마음에 드는 물건을 발견했을 때 그 자리에서 구입을 하지 않으면 다음날 구입을 할 수도 없고, 재입고 되지 않는 경우가 대부분이라 더 이상 구매할 수가 없다. TJ maxx 그리고 Marshalls 와 같은 계열의 회사이기 때문에 운이 좋다면 이 두 곳을 찾아보면 남아 있는 재고를 구할 수 있다는 것도 팁! 나는 주로 키친 용품, 프라이팬, 물컵, 와인잔, 쿠션, 현관에 거는 시즌별 리스를 HomeGoods에서 구입한다.

Marshalls, TJ maxx | https://www.marshalls.com/, https://tjmaxx.tjx.com/

두 곳은 HomeGoods와 같은 계열사로서 동일 업체들로부터 납품을 받기 때문에 판매 제품이 중복된다. 다만 HomeGoods는 가구, 주방 용품, 데코용 소품 위주이고, Marshalls 와 TJ maxx는 의류 위주로 판매되고 한쪽에 인테리어 소품과 주방 용품 섹션이 작게 마련되어 있다. 아이들의 브랜드 신발, 브랜드 의류 등을 아주 저렴한 가격에 구입할 수 있고, 아이들 옷뿐만 아니라 성인용 의류 브랜드 Tommy Hilfiger, Ralph Lauren Polo, Michal Kors, The North Face와 같은 브랜드 제품들도 할인된 가격으로 입고될 때가 있으니 보물 찾기 하는 기분으로 의류 섹션을 잘 살펴보면 득템할 수도 있다. 수납 바구니, 쿠션, 스로우 블랭킷, 유명 디자이너 카피 소품들을 저렴하게 구입하고자 한다면 방문해 보면 좋은 곳이다. 또한 다양한 디자인과 향의 캔들, 핸드숍 등을 시즌별로, 인테리어 스타일에 어울리는 컬러와 디자인으로 구할 수 있으니 이 코너도 지나치지 말고 둘러보기를 권한다.

Kirkland's Home | https://www.kirklands.com/
트랜디한 모던 팜하우스의 인테리어 소품을 구입할 수 있다.

Pottery Barn | https://www.potterybarn.com/
트래디셔널, 트랜지셔널, 모던 팜하우스 스타일의 가구와 소품을 구입하기에 좋다.

CB2 | https://www.cb2.com/
오가닉 모던 스타일을 표방하는 CB2는 심플한 모던 디자인보다 좀 더 예술적인 미를 강조한 독특한 스타일의 모던 가구와 소품을 쇼핑하기에 좋다.

West Elm | https://www.westelm.com/
슬림한 선을 강조한 가구와 조명들이 많아 모던 또는 모던 미드 샌추리 인테리어 스타일을 좋아하는 사람에게 추천한다.

알뜰 쇼핑 정보

사람들이 많이들 아는 블랙 프라이데이 외에도 기념일이나 다양한 행사에 따른 세일 행사가 많다. 미국은 보통 휴일에 맞춰 세일에 들어가는데, 연휴에 따른 세일 품목도 조금씩 달라지니 그 연휴에 맞춰 필요한 상품들을 구입한다면 알뜰한 쇼핑을 할 수 있다.

1월

미국의 국민 스포츠라 할 수 있는 슈퍼볼 결승전을 앞두고 TV 세일을 큰 폭으로 하는 시기이다. 블랙 프라이데이보다 세일 폭이 비슷하거나 더 클 경우도 있으므로 TV를 구입할 계획이 있다면 둘째 주~ 마지막 주 사이의 시기를 노려보면 좋다.

5월

어머니의 날(Mother's Day) - 5월 둘째 주 일요일 | 빠르면 약 2주 전부터 어머니의 날 당일까지 큰 세일에 들어간다. 특히 의류, 화장품, 그릇 세트, 키친 용품, 커피 머신부터 시작해 냉장고, 세탁기, 드라이어, 식기 세척기 같은 덩치가 큰 가전 제품까지 어머니들에게 선물하기 좋은 아이템 위주로 세일 폭이 아주 크다.

현충일(Memorial Day) - 5월 마지막 주 월요일 | 의류와 침대 매트리스를 좋은 가격에 구입할 수 있다.

6월

아버지의 날(Father's Day) - 6월 셋째 주 일요일 | 약 2주 전부터 세일을 시작하고 아버지에게 선물하기 좋은 아이템들 예를 들면 건축용 공구, 공구 세트, 그릴, 남성 의류 등을 세일한다.

7월

독립 기념일 (Independence Day) - 7월 4일 | 대부분의 품목들이 세일에 들어가는 주간이다. 빠르면 2주 전, 대부분은 1주 전부터 세일이 시작되니 사고자 하는 품목이 세일을 하는지 자주 검색해 들여다보면 굿딜을 찾을 수 있다.

아마존 프라임 데이(Amazon Prime Day) - 7월 중순 | 대형 온라인 쇼핑몰인 아마존의 빅 세일 데이! 각종 전자제품, 컴퓨터, TV 등이 큰 폭으로 세일에 들어가며 아마존 자사 제품인 Amazon Echo 제품, 전자책 Kindle, 태블릿 Fire HD등의 가격이 블랙 프라이데이 세일만큼 저렴해진다.

9월

노동절(Labor Day) - 9월 첫째주 월요일 | 가전 제품 가구, 생활 용품 등의 세일이 있다.

10월

콜럼버스 데이(Columbus Day) | 많은 업체들이 세일에 참여하지는 않고, 참여하더라도 큰 폭의 세일은 없지만 오프 시즌 용품들인 아웃도어용 가구들, 그릴 등을 좋은 가격에 구입할 수 있다.

11월

블랙 프라이데이(Black Friday) - 11월 넷째 주 금요일 | 미국의 큰 명절인 추수 감사절이 끝난 다음날 미국 전역에서 동시에 연중 가장 큰 세일 행사이다. 대부분의 소매업체들이 세일 행사에 참여

하고, 세일 폭도 가장 크다. 그만큼 구매자의 수요가 많아서 인기제품은 순식간에 품절되어 버리기도 한다. 그래서 많은 업체들이 블랙 프라이데이가 있는 약 2주 전부터 세일 행사를 시작하기도 하므로 마음에 드는 제품이 있다면 기다리지 말고 재고가 있을 때 구입하는 것을 추천한다. 이 때는 품목에 따라서 온라인보다 매장에 직접 가서 구매했을 때 더 좋은 가격의 제품을 구매할 수도 있다.

사이버 먼데이(Cyber Monday) - 블랙 프라이데이가 지나고 3일 후의 월요일 | 블랙 프라이데이 세일을 이어서 온라인 쇼핑몰에서 이루어지는 빅 세일 이벤트이다.

12월

12월은 한 달 내내 크고 작은 세일이 이루어지는 시기이다. 대부분의 미국인들은 블랙 프라이데이를 전후로 크리스마스 선물 쇼핑을 시작해 크리스마스 전까지 쇼핑을 계속하기 때문에 이에 맞춰 대부분의 소매업체들이 계속적인 세일을 한다. 크리스마스 이후로는 시즌이 지난 크리스마스 용품들, 겨울 의류들의 재고 처리를 위해 큰 폭의 세일을 계속하므로 알뜰 쇼핑을 원한다면 크리스마스 시즌 이후의 세일을 기다리는 것도 좋다. 다만, 판매 후 재고 상품들의 세일이므로 원하는 상품의 사이즈가 없거나 인기 상품들은 품절되는 경우가 많기 때문에 떨이 상품을 초저가에 구입한다는 마음으로 쇼핑해야 한다.